別讓平庸埋沒了你

自媒體奇才告訴你
600位頂尖創意人如何找回獨特的自己

斯里尼瓦思‧勞 Srinivas Rao———著

曾雅瑜———譯

Unmistakable
Why Only Is Better Than Best

獻給世界各地、每週收聽節目的所有聽眾
本書為你而寫

前言

　　在個人職涯的前 10 年，我總是按部就班照著腳本扮演自己的人生。畢業於美國加州大學柏克萊分校的我，因為漫無目的地轉職，履歷上的工作經驗一條又一條地往下增加。我甚至還興起到商學院進修另一個社會認同的工商管理碩士學位（MBA）的念頭；我在想，也許這個選項會帶領我走出一條不錯的出路。

　　可是，等到我完成了碩士學位後，這條應屬「安全下莊」的成功出路卻早被封鎖。原本社會預留給初出茅廬商學院學生的一個前途似錦工作機會，也化為烏有、一去不返。

　　然而在職場上，單純成為一名能幹的人，也能讓許多人引以為鑑。因為當自身能力僅有「能幹稱職」時，我們的工作價值也隨之下降，並慢慢地被低價的人力外包取代，直到職員成為可有可無的勞力商品為止。

　　因此，未來是屬於那些「獨創自我」的個體和組織的！

我把「獨創自我」（unmistakable）定義為一種不需署名的「藝術」；滿載著獨一無二的個人思路精神，也是「絕無僅有」的個人創作風格。

也許現在的你並不認為自己是位藝術家，但對我來說，任何計畫、活動、部落格文章、研究報告、書籍、歌曲、表演、公司等創作，全部可視為「藝術」。也可以說，一旦透過藝術眼光來觀看世界和自身作品，我們的看法必然與原先的有所不同。

無論是詩人或畫家、播客主持人（podcaster）還是YouTube 網路紅人，這些獨創自我的人，全都有自己獨特的行事風格。不過，要清楚列舉這些獨創自我人士的工作內容是不太可能的。也許我們能描述出相關的工作細節，但他們的核心價值卻無法被人複製或模仿。市面上更沒有任何課程、網路文章或工具書，能夠教你實現獨創的自我。實現獨創自我的藝術並非易事，卻也是作為藝術家、企業家或個體等最有效的特質。

如此看來，「獨創自我」若純粹個人專屬並無可取代，又為何會如此重要呢？

原因是，當一件絕無僅有的藝術作品問世時，我們可以說，這位創作者無可匹敵，競爭的衡量標準也變得無關緊要。而使個體超群出眾的因素，也會極具個人化，以致無人可以取代。

當人權少女馬拉拉·尤薩夫扎伊（Malala Yousafzai）演講時，她帶來的啟示是不同凡響的。

當文學作家童妮·摩里森（Toni Morrison）書寫時，她的寫作表達是獨樹一格的。

當《槍與玫瑰》樂團吉他手史萊許（Slash）獨奏〈我的甜美孩子〉（Sweet Child O' Mine）曲目時，他的拍子和技巧是精湛絕倫的。

當餐飲大亨丹尼·邁耶爾（Danny Meyer）創辦餐廳時，他提供的用餐服務是別出心裁的。

當塗鴉藝術家班克斯（Banksy）噴漆作畫時，他的畫風是標新立異的。

當小提琴家琳西·斯特林（Lindsey Stirling）演奏時，她的琴藝是獨具匠心的。

獨創自我者在人類心靈留下深刻的印象，他們創造出無法衡量的漣漪效應。

2009 年，當我快唸完佩柏戴恩大學的工商管理碩士學位時，我的人生正面臨兩條道路的抉擇。第一個選項，繼續走向前人檢驗過的可靠道路，但我知道這將會是一條死路；第二個選項，放手一搏，去追求一條可能帶領我通往災難（或新發現）的不確定道路。我過去選擇了第一條路，就這麼走過了 20 開頭的年紀，最後在 30 歲的階段不歡而散。

當我開始檢驗過去 10 年所做的選擇時，這才突然意識到，自己從來不是主動積極的人。我總是選了別人放在我眼前的選項，也總是不斷地屈就自己；我屈就第一份得到的工作，我屈就那份對我毫無意義的職業；我屈就眼前自以為最好的生活安排，而非去過**真正想要的人生**。

假設我想在 40 歲時，過著非常不一樣的生活，那我必須在 30 多歲的時候，就算遭人質疑、反對和誤解，也勢必得做出重大改變的決策。

在展開個人職涯時，我非常盲目地簽下一份彷彿別無選擇的社會人生計畫合約書；直到現在，我才漸漸明白，所謂

社會人生計畫，本來就是一件能夠不斷充份協商的事情。

然而，第一次讓我對此事有所領悟的時間點，是發生在 2008 年 12 月 31 日，那天我剛好滿 30 歲。當時的我在巴西，即將結束交換學生的日子。我的好友們因為錢都花光了，所以提前打包回家去，只剩下我孤單一人無聊地坐在沙灘上。當下，憑著過去無數次的失敗衝浪經驗，以及即將返回美國的關係，我決定去租塊衝浪板，豁出去地嘗試最後一次衝浪。那天是我生平第一次成功站上浪板，也在那一刻，為我的人生創造了**改變**的漣漪效應。記得在我回到學校把最後一學期唸完時，獎助金一入帳，就拿著這筆錢直奔衝浪店，買了衝浪板和防寒衣，而不是去買書來讀。我趁早上沒課、課堂空檔或週末時間都去衝浪。

由於畢業後沒有工作等著我，加上所有積蓄也幾乎快花光，此刻的我意識到得好好抓住機會，有效率地從零開始。正因為我手上有著的是一張全白無暇的人生畫布，讓我能夠有意義地創造一幅佳作；同時也是一個良機，讓我一勞永逸的結束平庸危機。

從佩柏戴恩大學畢業後的那年夏至，「衝浪」在我眼裡，從原本是種消磨時間的運動，轉變成一套人生哲理。我

在那些還沒刮風的日子裡，帶著衝浪板在海裡，一待就是一整天。

當我順利衝到浪的時候，每一分恐懼、焦慮、憂愁和自我懷疑，它們不僅全部消散，也從此絕跡了。即使我沒有工作，只靠花生醬和三明治度日，有一回還是睡在曾登記自己名下的公寓客廳地板上；不過，這樣子的生活算是讓我在成人階段裡，第一次體驗到所謂無與倫比的快樂。每天晚上我都帶著迫不及待明天要去衝浪的興奮心情入睡。每次成功衝到浪時，所有腦海中的質疑聲浪，瞬間失去掌控的力量。有位衝浪者說，**衝浪有點像馴服一匹野馬**，整個過程讓人幾乎感覺自己是超人。雖然我的外在世界似乎搖擺不定，但內心世界卻隨著每一道海浪不停地轉變著。

衝浪時，人一無所有，只剩下自身與海浪；完全能從別人的期待和道德規範中得到解脫。衝浪是種「自己」才是主要觀眾的行動表演，讓人盡可能用最直接的經歷去連結自己，以及發掘自身獨特的那一面。

某年夏日的午後時光，我在加州聖塔莫尼卡的救生員瞭望台 20 號旁邊沖洗防寒衣時，遇上一位年紀顯然比我年長許多的衝浪夥伴。我告訴他，因為自己剛唸完碩士不久，正為

了找工作煩惱不已，而唯一讓我頭腦清醒的，就是衝浪；他也跟我說，衝浪幫助他走出離婚和母親過世的悲傷低潮期。

從那天起，我突然領悟到自己邂逅了一件讓人熱愛不已，且能永遠不斷改變人生的妙事，同時也讓我有感而發的明白到：這份熱愛將打從第一道浪開始，持續熱愛到生命結束的那一天。

是衝浪驅動了我自身的創造力。

衝浪引領我遇上最好的朋友兼事業夥伴布萊恩·柯恩（Brian Koehn）。

待在海裡成為每日重要的冥想儀式，這讓我能夠持續進行日常生活的所有一切；衝浪是一條生命線、一種精神修行和一個中心隱喻。

每一道浪似乎將自己啟蒙以來所理解的體系、信念和想法全部沖散歸零；這使我越來越去質疑我想要的生活，也讓我重新思考過去別人給予的種種善意建議，例如：

- 堅守一條又窄又直的光明道路。
- 按照規則行事。
- 別引起騷動。

- 別問太多問題。
- 順著公司的升遷制度往上爬。
- 服從前輩。

以上這些都是從我的父母、老師、人生導師、朋友、同事等等所提議的人生腳本，而我則是不折不扣地全盤採納。但是結果帶來的卻不是平凡生活，反倒是掉入谷底的人生。我的每份工作都在就職不久後就被炒魷魚，也從來沒有賺過很多錢；更慘的是，我完全活在沒有意義、意圖和目標的人生裡。接著，我試著四處參考並遵循別人的人生腳本，希望能夠跟他們一樣獲得成功；但結果一樣慘不忍睹。

在人生過程中，我們繼承了社會期待的框架，順從框架成規，直到人生的負擔沉重到無法負荷為止的那一刻，我們才開始止步，並且質疑這些存在的必要性。當這些潛規則施加在生活中夠久以後，就會變成一套支配我們的無意識腳本；令我們陷入一個無形的人生監獄裡。我們變得教條式，彷彿過著制式化的人生；同時忘記人生是自己創造而來的，唯有在我們鼓起勇氣去質疑現況時，才有可能突破自己的人生。

我們忘記自己可以隨時褪去他人的期望。

切記：人生的大門總為你敞開。

如果你走出這扇人生大門，放棄社會為你制定的所有期待，屬於你的真實面貌則會浮現出來；你就像小孩一樣，不在乎任何事情，而且隨時懷抱著樂觀和好奇。從此刻起，你會開始完成唯有自己才辦得到的任務，通往為你打造的專屬目的地。

然而，就在這個過程中，你會漸漸學習到造就「獨創自我」的藝術；但這並不會因為你花了短短的時間，只寫了一篇部落格文章，或是進行一週的藝術創作就會實現。「獨創自我」不是你所從事的任何事情，也不是一種技術、方法或公式；反而是一種展現你身上獨一無二的元素，另外也是一顆從你眼中觀看世界的鏡頭。一旦你採用了這種方式觀看世界，你的人生將永遠不再一成不變。

起初學習衝浪時，由於還搞不太清楚自己在做什麼，加上手中的藍色泡棉衝浪長板¹，擺明透露了自己是衝浪新手，因此我總是帶著恐懼不安的心情下水。每天早上我會看看浪況預報，希望今天的海浪不要太大。一次一道浪，還有數不盡的泡水時光，就算過了 7 年，我仍然還在學習如何衝浪。直到今日，即便有些日子仍會讓我感到緊張焦慮，但學習衝

浪這件事卻永遠無法讓人停止。

　　我學習衝浪的軌道，一直很像是藝術家或創意者的行跡。這是一種讓人拋開恐懼、懷疑、別人期待，以及**渴求達到完美境界的過程**。也是讓人下定決心、承擔風險和接納「歪爆」[2] 可能性的過程。每次只要我稍微離開一下舒適圈，對於承擔風險的能力和挑戰大浪的勇氣也隨之增加。每一次的小浪是為了下一次大浪所做的準備。儘管我在衝浪時依舊常常歪爆，但至少學到一個重要的教訓：在真正乘到浪之前，歪爆的恐懼是不會憑空消失的，**跌倒失敗也不如想像中那麼地糟糕**。

　　創作獨一無二的作品，向來是摘下人生偽裝面具的一種過程。每件作品如同一道海浪；每一件向世界大膽展現的作品，更可以讓世界更加深入瞭解自己。我在這個過程中，漸漸地提昇承擔風險的能力。我不僅敢說出別人害怕發聲的內心想法，也勇於挑戰或重新定義現況；我勇敢地去承擔更大的風險，直到達到新的常態為止。也許我會失敗，但正如追

---

* 本書編號注記，均為譯注和編注。
1. 衝浪新手使用的練習板由軟質泡棉製成，表面鋪有防滑布。
2. 音譯 wipe out；衝浪術語。意指衝浪過程或起乘（take off）時之跌倒。

逐一道浪般，**對付恐懼的解藥是致力於創造性行動**，並且持續向世界展現創作面貌。

不可否認的是，因為追浪定義了我的人生，加上追尋獨創自我的關係，所以「衝浪」成為本書的核心架構。從站在岸邊往大海划水，從起乘一道完美的浪到歪爆，衝浪形同任何具有創造性、創業性或野心的努力。無論你想轉換跑道或開始創業，休學或復學，找出創作方向或精緻創作內容，我都希望這本書有助你實現獨創自我。

自從衝浪引領我開創《獨特創意》（*Unmistakable Creative*）的播客節目之後，我訪談了 600 位以上的獨特創意人士，並且在節目中訪談他們的事業與人生經歷。他們也各自解釋了「獨創自我」的定義，以及分享如何培育灌溉自身領域的創造力，還有如何面對與處理周遭環境帶來的挫折。這些人包括了提摩西·費里斯（Timothy Ferriss）和賽斯·高汀（Seth Godin）等暢銷作家；牧師兼作家羅伯·貝爾（Rob Bell）、Basecamp 專案管理軟體的共同創辦人大衛·海尼梅爾·漢森（David Heinemeier Hansson）和企業家丹妮爾·萊波特（Danielle LaPorte）等激勵達人；以及其他大家可能從未聽說過的天才，像是身為刑事司法系統話題專家的銀行搶匪、

撰寫商業書籍的塗鴉藝術大師、全盲畫家、獨創一格的世界級漫畫家等等。我已將自己的收穫綜合他們的見解和經驗談，作為你前往獨創自我之路的借鏡與跳板。我不能提供你一幅導航地圖或指南手冊，相信唯有你自己，才能夠規劃出一場獨創自我之旅。

這不是一門科學，而是一門實現獨創自我的藝術。藝術要求你嘗試尚未成功的事物，正如作家塔德・亨利（Todd Henry）曾說：你必須「在面對不確定性時要當機立斷。」在你的個人創作裡，沒有公式或說明書，只有獨創一格的**直覺**和**本能**。

在任何需付出努力的創造性，與值得追求的目標裡，一定都會存在著障礙。有時你會很快達到目標，但有時需要花上一段時間才能成功；你可以持續閱讀、準備和學習，直到「準備好」為止。**不過「準備好」也只是一種幻象**，在真正進入海裡之前，沒有人真正知道要做什麼；機會如同海浪般，你可以去追浪，或是讓海浪從身旁經過。然而，越早去追浪，就能越快開始衝浪；就像我所衝過的每一道浪那樣，每個人遇到的浪徑都不同，衝每一道浪都有自身的挑戰、情勢和時機。

衝浪並非只在浪頭上起乘而已；它甚至讓人感受到一種類似「禪修忘我」的極樂境界，有點像是衝浪術語裡常講的「狂喜心境」（stoke）。「狂喜心境」之美在於感受「衝浪的變化無窮」，因此無法被衡量或量化。在創作回歸成一種自身獎勵時，便是超越自我的時候，也是即將邁向獨創自我的路途中。

我的目標是：希望大家藉由閱讀別人獨創自我的歷程，激勵自己離開沙灘，走入海水去追浪。

現在就走吧，一起衝浪去！

下水划水

停止過度準備，現在就出發

唯有透過一番行動、實驗，跳入未知領域之後，才能使我們漸漸明白，抵達目的地之步驟。

　　我從 1993 年起便住在加州了，但很諷刺的是，「衝浪」這檔事卻是在 15 年之後，自己旅居國外才接觸。

　　人們往往習慣抱持著「等待」與「遠觀」的心態，去追求心中重要的夢想。這就好比我們只坐在車上或站在岸邊，羨慕地望著海裡正在衝浪的人們。我們總會說服自己欠缺那些衝浪者所擁有的一切。像是他們運氣很好有假可放啦、他們具有先天的優勢條件，或者他們占盡天時地利等因素。一旦上述理由在某些情況下屬實，將不斷成為侷限自我潛能的藉口。

　　當你起身追求的事物，若不是在社會期盼的框架下進行，或因此而擾亂自身現況，此刻你內心的安全感，便如同紐約街頭的消防車般，拉起響亮的警報聲。從許多方面來說，任何破壞現狀的決定，都算是一種打亂自己和人生的抉擇。即便你我都知道，**在人生中任何微妙或顯著的轉變，終究會戰勝心中的恐懼，但我們還是不願做出改變。**

　　那是因為我們總是擔心害怕一頭栽入海中，游進了未知的領域。從事與眾不同的工作時，害怕生活會比原本就食之無味的人生更加不如。因此，只好選擇佇立在沙灘上觀望。最後，所有一切依舊原封不動，大家持續待在原地，並且不

斷妥協人生，直到接近生命盡頭時，才發現自己正在回頭感嘆人生裡的所有遺憾。

- 感嘆一生中，沒有把藏在抽屜裡的那本小說拿出來出版。
- 感嘆一生中，沒有實現深藏在心底的創業想法，或創辦非營利組織的心願。
- 感嘆一生中，沒有好好把握許多機會，擁有更多夢想。

其實，我們**總有**向前邁出一小步，追求變化的機會。幾乎所有跳脫框架的創新想法是我們力所能及的，而在造就獨創自我之前，一切突破皆從**動腦**與**大膽創新**的那一刻啟動。

假設我們即將進入一處全新陌生的狀況，並且試著學習煥然一新的生活方式，在這種情況下，人是無法知道自我極限在哪裡。因為大多數人對於「能力」的想像，有可能會太好高騖遠。比方說，有人可能一輩子從未打過籃球，卻夢想成為麥可‧喬登。反之，也許有人會太低估自己的能力，導致連嘗試寫作、繪畫、唱歌或跳舞的機會都不給自己。

不可避免的，當你一旦進入大海後，難免會面臨撞到石頭、被浪打得東倒西歪、遇上水母，甚至被其他衝浪者咆哮等障礙。同理，在追求與眾不同的事物時，我們也勢必會面

臨一些批判、反對、恐慌、焦慮、自我懷疑、角逐等挫折。

所以啦，在準備好划水之前，先想想雙腳永遠受困於沙中的感受會是如何。

| 第一章 |

下水的阻礙：鯊魚、溺水、其他因素

「內在」與「外在」這兩股力量，通常被視為**拖延和扼殺**潛在計畫的罪魁禍首，同時也是導致我們在追求「獨創自我」的失敗原因。如果想成為超群出眾的人，你必須先意識到那些挫敗的影響力和前因後果，從中瞭解這些不利因素的力量，如此一來你才有辦法評估（或忽略）挫敗所帶來的殺傷力。

來自父母、同事、社會的聲音

一旦你開始變得與眾不同，那些想要你按照**他們**計畫進行的旁人言語只會**越顯大聲**。這些聲音，大多來自我們身旁的好友、家人或同事，以及不太具有同情心的競爭對手、批判者、反對者和陌生網友等敵人。

無論他們的出發點為何，這些聲音會去質疑你是否失去理智。這些人會列出一大堆理由來說明你會失敗，並且告訴

你，成功的機會是如何地渺茫。

多年以來，我的耳邊經常出現不少雜七雜八的聲音，例如：

你的資歷不夠。

你沒有天賦。

你年紀太大。

你太年輕了。

你表哥、朋友、叔叔、阿姨都試過，但他們全都失敗了。

萬一沒有成功，到時候你又老又窮，該如何是好？

你要怎麼賺錢啊？

創業者十之八九都失敗的。

不管演戲、寫作或其他創意工作，只有千分之一的人才會從中脫穎而出。

這世上有太多數不清的部落格，人家憑什麼要去看你的？

你書都白念了。

家人朋友會在耳邊酸言酸語地告誡你很多慘敗故事，並「好心地」建議一份他們按部就班和符合社會期待的劇本，

期許你能遵循這份備案計畫。他們還會數落你工作不足之處，並且質疑你的才華天賦。

為何這些人的聲音會如此響亮？

1. **這些人希望你保持「一成不變」，以免讓他們意識到內心長期被忽視的聲音。**一旦你開始做出改變，多數人會因你的行動而提醒到他們長期逃避的事情。一旦你的人生產生巨大變化，他們就不得不面對停滯不前的現實生活。你是一面鏡子，讓他們看清自己的恐懼，還有那些遲遲無法實現的夢想。

2. **批評比創作容易。**如果你是個批評者，你通常可以躲開失敗的風險，也不會看起來像個傻瓜，甚至不用被人質疑腦袋到底裝了什麼。身為批評者，的確可以置身於事外，但史上眾所皆知的創作家，不都免不了遭受批判嗎？不管是書籍、音樂或電影，任何創作型態的事物都會面臨負面評價。如果大家上網搜尋《梅崗城故事》、《大亨小傳》、《妾似朝陽又照君》等經典小說的書評，你會發現這些作品全都曾獲得一顆星等級而已。所以說，任何獨創一格的作品，絕對得經得起批判。因此，不管是接納或忽略負面評價，繼續創作就對了。

3. **有些人只懂得循規蹈矩**。2003 年初，我面試了一份工作。在面談過程中，我請教其中一位面試官（查克）該公司組織文化時，他以教條式的口吻向我灌輸：「當我們說 8 點上班時，並非 8 點 15 分才開始工作。」這句話我至今從未忘記。查克的世界講究「循規蹈矩」，我也很快地意識到——他的世界與我格格不入，而我也不想成為他捍衛現狀之下的犧牲者；總之，是否要選擇「墨守成規」或是「追尋自我獨創之道」，就看你自己了。

於是，就在我開始做出改變的那一刻，那些批評者也漸行遠去；取而代之的，是一群來自世界各地鼓勵我創作的支持者。

假如對那些批判聲浪言聽計從的話，我永遠也無法在世界中脫穎而出。

這本書，也不會出現在大家眼前。

播客節目《獨特創意》，也不會存在。

那麼，我有可能因此錯失與世界一流的當代偉大思想家學習的機會。

也有可能人生因而活得黯淡無光。

所以，**堅守承諾與信念，回到工作崗位上埋頭苦幹，才是關掉批判聲音最好的方式**。那些令人敬佩的傑出人士，沒有人是一開始便坐擁無數粉絲、書迷、支持者，反倒是每位成功人士，必都飽受批評。不過，這些批判聲音是無法癱瘓他們的人生，因為這些傑出人士，不會讓負面評價屢次摧毀他們的創造力，更不會因而中斷創作或不求上進，甚至停止向世界發表自我獨創之作。

之前我所任職的行銷研究公司的老闆，他把我看作無心掌控自己前途的員工。其實他不明白，我的前途根本不會按照他眼裡所謂「由下而上升遷」的傳統版本發展。我的目標是要突破這些傳統圍牆，打造史無前例的創意事業。猶如摩根‧費里曼（Morgan Freeman）在電影《刺激1995》中說的一句臺詞：「有些鳥兒，注定是關不住的。」對我而言，無限的自我表現機會，是掌握自己前途的重要成分。

知名著作《深海探秘》（Shadow Divers）的作者羅伯特‧克森（Robert Kurson），在他唸高中時，幾乎注定與成功無緣。因為全校660名學生中，羅伯特的成績排名在倒數第55名。學校輔導老師建議他與其上大學，不如參加美國和平工作團（Peace Corps）來尋找更好的未來出路。

幸好羅伯特熱衷於說故事，因此引領他成為校刊作家，最後還獲得威斯康辛大學麥迪遜分校的教授賞識，順利入取大學，更因為學業成績全部甲等，上了哈佛大學法學院，接而成為一名暢銷作家。無庸置疑地，假如他聽從輔導老師的一番建言，也許人生成就便不如現在也說不定。

類似的情況還有曾經在我的播客節目《獨特創意》中受訪的創作家馬斯·多里安（Mars Dorian），他的作品大多帶些尖銳挑釁成分。很多人不是很欣賞他的作品，但他所設計過的書籍封面、商標或其他創作，只要看過一眼，絕對能夠輕易分辨出他的風格。無論大家喜不喜歡他的作品，他就是「獨創自我」的具體代表。

作家提摩西·費里斯的暢銷著作《一週工作四小時》（The 4-Hour Workweek）在出版前，曾被 26 間以上的出版社退稿過。然而提姆因為這本成名著作，晉身為創業講師和創投家，並且開設播客節目，近期則以名人身分主持自己的電視節目《提姆費里斯實驗室》（The Tim Ferriss Experiment）。

另一位知名創意部落客蔣甲（Fearbuster.com），因老被創業投資家拒絕他的創業想法，促使他把這份挫折化為一本全球熱論的書籍，並以幽默的實驗方式來告訴大家，如何克服

恐懼和勇敢面對人生。這本書是《被拒絕的勇氣》（*Rejecton Proof*）。

以上這些人，隨時應付著他人的批判、質疑和否定；但這些刺耳評論，並不侷限他們向世界做出獨特貢獻的決心。

請記住，往往這些話中帶刺的批評與反對聲浪所帶來的痛楚，只不過一瞬間而已。**聽信這些批評等於接受了誘惑，但堅定自己的想法便能超群出眾。**

我的上一本自費出書：《與眾不同的藝術》（*The Art of Being Unmistakable*），讓我有機會上電視接受名嘴格林·貝克（Glenn Beck）的專訪。雖然，那次受訪經驗創下了個人職業生涯裡最高的曝光率，但過沒多久，負面評價開始在亞馬遜網路書店出現。我的腦海永遠記得，書評裡的一顆星評價是這麼寫的：「我希望勞的衝浪技術比寫作表現得更好。」即便我嘗到了成功的滋味，但在聽到批判聲時，仍會感到灰心。不過，我也從中明白一個道理，假如試著迎合那些批判聲浪，不僅無法阻止評論，更會在過程中失去自己的聲音。從此以後，我再也不去看任何評價了。

然而，在面對尖銳批判時，我們也必須意識到消極偏見的存在。畢竟，人總是容易讓一件小小、不愉快的事件，主

導原本美好的一天。

　　作家尚恩・艾科爾（Shawn Achor）在其著作《哈佛最受歡迎的快樂工作學》（*The Happiness Advantage*）中描述「正向的俄羅斯方塊效應」。通常花費許多時間投入俄羅斯方塊遊戲的人，會在現實生活中也看見類似「形狀」和「組合」的模式（例如：逛到超市的麥片盒產品走道）。同樣的效應，也可應用在正向能量和快樂情緒之上。從**意識到日常中三件好事**的簡單動作，可以在人生中創造出正向的俄羅斯方塊效應。與其關注批判言論，不如轉移注意力到支持你的人身上；頓時間，你會開始看見更多擁護者。

　　另一招平息批評聲浪的方式，則是去想像一下，如果你相信批判者的話，那麼未來的人生景況會是如何。我的事業夥伴布萊恩・柯恩曾描述，自己在高中時期所面臨的人生十字路口：跟其他青少年一樣，找份沒有前途的工作；要不開始自行創業。由於當年他只是個高中生，反對者比比皆是。於是，他在腦海中試想一遍，如果自己一昧聽信批評者的話，未來人生會發生什麼變化：

　　感覺別人都希望我乖乖聽話，但我從沒想要照著別人的意思去做。雖然我知道滑板事業的簡中限制，但這可是

一個充滿機會的世界。此刻，未來的畫面圍繞在我身邊：我看見同輩賺不到錢，失去生活樂趣；我看見那些恨透自己工作的大人。而我不斷提醒自己，若不好好把握這個機會，我的人生絕對會過得跟那些人一樣。

所幸布萊恩沒有聽信那些批評話語，要不然絕對無法成功到美國中部地區宣傳產品、挑戰自我極限、瘋狂享樂，還把荷包賺得滿滿的。更不用說他在 2 年內把滑板產品賣給 27 家商店。無論布萊恩有沒有創業，終究批評者都不會把他當成一回事。幸好，他跨出創業的第一步，不然那些批評的聲浪會持續徘徊，甚至影響到往後人生的種種決定。因此，只要能夠想像的到迎合批評，就會形成侷限自我潛能的情況，便可使人輕而易舉地忽略批評聲浪，進而讓自己不停向前走。因為「妥協」和「放棄」心中重要的事物，是要付出很高的代價。所以在決定反其道而行時，絕對沒有必要去理會那些批評聲浪。儘管沒人會因為你維持現狀進而抨擊，但維持現狀也代表著，你永遠無法超群出眾。

如果決定去做一件與眾不同的事，勢必得在批判面前，找出勇氣、付出行動，同時得明白，批判者是不會承擔自己選擇的後果。

當你站在岸上打算下水划水，此刻的批判聲浪是最響亮的。只要你開始划向大海，邁向獨創自我的途中，批判聲也會漸漸地被海浪聲掩蓋過去，最終會被你拋棄在岸邊。接著，你將會聆聽到內心聲音告訴自己未來該做的事情。至於那些外在聲音，將會順著一道令人快樂似神仙的好浪而煙消雲散。

恐懼、抗拒、險惡的肯定本質

要走進水中，啟動並開創自己獨創之路的同時，也必須學會處理**內心**恐懼、懷疑和抗拒的聲音。想想看那些創業者或作家，因為受到內心的抗拒與恐懼，還有腦海雜音的影響，導致公司遲遲未能展開營運，或是故事遲遲未能公開發表的情況。但也可以說，外在的批評聲也許聽起來很響亮，但都比不上內心的雜音來得吵雜。

比起任何批評的聲浪，迴盪在腦海的內心雜音，聽起來更顯得刺耳嚴厲。試想看看，如果真的有一個人，用你內心對話的方式跟你說話，你是絕對無法忍受的。就拿徘徊在我腦海的雜音來說，起碼每週裡會有一天，它對我碎碎念著：

「你絕對無法成功的，這件事終究不會有好結果，不要再浪費時間和精力了。」這一股內心雜音跟外在的批判聲不同，因為你是無法像在社交媒體上封鎖它、讓它成為垃圾郵件，或把它設定成拒接來電。

然而，這股雜音也摻雜著一絲絲的內在恐懼、自我懷疑和焦慮，彷彿在你的心裡上演一幕又一幕的爛戲碼。你可以解僱這股內心雜音，只是明天一覺醒來，它又準時復工；你可以把它拒之於門外，但它馬上又開門走了進來。不管怎麼努力地甩開它都無法得逞。這股雜音是討厭鬼也是眼中釘，更是無情的傢伙。雖然聽得見它，卻看不見也摸不著，根本無法擊倒它。

「雜音」本身就是一種阻力、蜥蜴腦[3]。猶如行銷大師暨作家賽斯・高汀所描述的：「蜥蜴腦」主宰著滿足、戰鬥、逃跑、害怕、怯場、繁殖。換句話說，蜥蜴腦令人感到飢餓、極度恐懼、焦慮纏身、性欲高漲。通常跟蜥蜴腦相處並不好玩，但是每個人的一輩子裡都擺脫不了它。同樣地，作家史蒂芬・普雷斯菲爾德（Steven Pressfield）在其著作《藝術

---

3. lizard brain，主宰求生的本能。

之戰》（*The War of Art*）中描述：「**雜音」總是不斷地說謊與胡扯**。那為何我們想去聆聽雜音呢？因為它總是滔滔不絕、從不中斷。雜音所訴說的事物，都與你生命中的每一刻、每一位相遇的人、每一件寫下的事件息息相關。也許連你也不明白，自己的蜥蜴腦到底在搞什麼鬼。現在是時候讓我們來關心一下這股持續不懈的雜音吧。

改編自西爾維雅・娜薩（Sylvia Nasar）所撰寫的諾貝爾經濟學獎得主約翰・奈許（John Forbes Nash）傳記電影《美麗境界》（*A Beautiful Mind*），這部電影猶如一份教人面對腦中雜音的精彩教材。羅素・克洛（Russell Crow）所扮演的數學家約翰・奈許，飽受精神分裂症和嚴重妄想症的折磨，然而他學會只要不去跟那些幻覺互動，自己就不會受到它們控制。雖然這股聲音永遠不會從約翰的生命中消失，但是只要不去跟它們對話，這些聲音便不做聲響；如果他開始去傾聽腦海的雜音，那些內心的自我對話和潛意識所自編自導的故事情節，可能連自己都會大吃一驚。總之，學會跟奈許一樣，只要不去理會那些雜音，絕對有助內心的平靜，甚至使自己不被影響。

關於管理內在的恐懼與聲音，勵志演說家菲利普・麥克

南（Philip Mckernan）所分享的這段話，是我聽過最棒的相關見解：

> 所有人都很想擺脫，甚至連根拔除「恐懼」，但這個想法也是最大問題的根源之一。我不認為人可以「處理」和「解決」恐懼。因為恐懼總是如影隨形。然而真正問題在於，我們都不想去接受它。於是，我們穿上球鞋，套上運動服，以全力衝刺的速度逃離恐懼。但是終究，我們還是會停下來喘口氣、沖個澡、睡個覺、上個廁所，或做些其他有的沒有的瑣事。只要一回頭，那個傢伙仍緊跟在後。這個傢伙，就是「恐懼」。它不需要喝水或補充咖啡因，更不需要補眠，它什麼事都不用做，就只會一直尾隨我們。所以，我們真的要花一輩子的時間去擺脫恐懼嗎？還是回頭好好地面對它呢？所以，請大家坐下來，好好「理解」和「消除」恐懼吧。唯有如此，你便不會覺得需要逃避它了。而且，你把恐懼隨身帶入日常生活裡，便不會再被它牽制住。可笑的是，一旦你接納了恐懼，將它視為生命的一部分，恐懼就再也無法控制你。

其實，所有內心的雜音，都只是想要引導你產生**辯論**或

對話。但是，你如果有注意到它的存在，並學會忽略它，開始做些與眾不同的事情，這一股雜音便會漸漸失去控制你的力量。雖然它不會全然閉嘴，但絕對會比之前安靜沉默許多。對付這道恐懼之聲的解藥，就是在這個世界上日積月累、漸漸發揮自我能力，直到能夠適應雜音，且達到忽略它的境界為止。利用看似微不足道的小小成就感，一點一滴地去克服阻力，一步一步前進直到信心十足為止。

我可以跟你說，在發表幾百篇部落格文章、製作好幾個播客節目，以及完成一些計畫之後，我的內心雜音早已不在腦海徘徊了。先前撰寫這本書的過程中，每天都有股聲音足以讓我想要脫離寫作的軌道。但是，每當我不去煩惱剛下筆的內容品質，寫作進度就會順利起跑。而且使用隨機約束的方式，比方說，每次寫下一千字，或限時 30 分鐘的寫作時間等等，加上類似「讓自己一直打字」等簡單原則，我就能拋開完美主義的緊箍咒。然而，讓自己致力於**進度**而非**結果**，則不再讓我毫無效率地擔憂起寫作品質。難免到頭來會發現書寫中出現贅文，不過總會有些是值得保留的內容吧。

我們都懷抱著獲得他人肯定的欲望，來餵養己身渴求的呼聲。如果我們沒有察覺到這股欲望，就不會產生下水追浪

的念頭。在我成長的印度文化背景中，大多數人特愛奉命遵守些循規蹈矩的傳統人生目標，像是考上長春藤大學或取得醫學院資格等等的特定榮譽勳章，並將此作為「肯定成就」的方式。然而，當你決定走向一條沒有保障、絲毫沒有成功的前例可循之道路，人們總會被迫找出不同的方式來肯定自我成就。我向來是個不按牌理出牌生活的人，即便如此，我仍期待獲得父母的認可。這份想要獲得他人肯定的欲望，直到某次與友人對話後，我才恍然大悟的意識到，原來自己是極度渴望它。那次是我跟作家強納森・費爾茲（Jonathan Fields）走在紐約中央公園聊天時說到：「現在我已經跟出版社簽下出書合約，希望我的父母不會以為我只是在網路上胡搞瞎搞而已。」費爾茲聽了笑笑說：「沒想到『獲得父母肯定』這件事對你仍然重要，蠻有意思的，不是嗎？」然而，就在父母為我感到驕傲的同時，我才明白，問題真正在於自己。因為父母說再多，都無法代替我證明自身事業的重要性。所以，對於想要得到他們肯定的這份欲望，本身就是個無底洞啊。

　　比起過去，今日的我們有更多機會能接受到肯定，但這也是令人欲求不止的原因，例如：

- 臉書（facebook）被按「讚」的次數。
- 推特（Twitter）的追蹤人數。
- 部落格的訪客次數。
- 每天受到稱讚的次數。
- 銀行戶頭的餘款數字。

如果我們追隨看似受人肯定的表徵，那麼我們所做出的選擇，也會受控於內心那道「認可」的聲音，儘管這些聲音終究不用承擔其後果也無所謂。在工作上，常常服從於覺得我們不夠好的人，而非支持我們的人，會使我們的創作變成保守又制式化，並且失去不少獨特性。

說到「批評」與「肯定」這兩件事，作家唐納德・米勒（Donald Miller）在所撰寫的《害怕結束》（Scary Close）中，談及自己被事業成功所帶來的副產品（潛在評論）搞得十分氣餒：

> 我會坐在鍵盤面前，腦海一面想著那些人的批評話語，包括那些提醒書中章節字句不順暢的聲音。更糟糕的地方是，一旦想到他人讚美的畫面，我也同時擔心無法達到這些人的期望……只要獲得一點點小成就，突然也會覺得失掉某些東西。這份患得患失的感覺使人無能為

　　力。頓時，「做自己」居然成了一種風險。

　　唐納面臨到想獲得肯定的欲望，只要稍微嚐到一些甜頭，就會讓人妄想得到更多。得到肯定也許可以暫時加強自尊心，還有提高膨脹的虛榮指數。**但為了別人的肯定而標新立異，等於是一種「創作自殺」**。我曾經在撰寫部落格上的文章時，下盡功夫挑選標題，目的就是為了吸引更多人關注與分享。結果當然不用多說，這些為了吸引別人肯定而創作的東西，最後獲得肯定的程度都不會達到內心的標準。相反地，我也嘗試過在無視他人評價下進行寫作，作品居然大放光彩，不僅肯定來自於外部標準（以我的狀況來說，外部標準指的是網站流量和書籍銷售量），更令人感到心底踏實的是，我對他人所產生的重要影響力。

　　「肯定」如同「毒癮」，越是依賴它，越會需要更高劑量來實現成效。一旦沒有了肯定，將會經歷一番黑暗、迷失、痛苦，還有難以壓抑欲望需求的戒毒過程。

　　關於「肯定」這件事，我的事業夥伴布萊恩・柯恩曾經提供一個讓我覺得實用萬分的建議：**把支持者當成生活周遭的一部分**。顯然在現實中，人人都需要肯定。所以，與其四處尋找，或從不能肯定你的人群裡覓尋，倒不如三思而後

行，挑兩、三個能夠支持你、給予你工作表現足夠認可的啦啦隊員。像布萊恩，就是我的啦啦隊員之一，他似乎在我的任何創作表現上，總能夠嗅出我一絲絲優秀的能力。另外，身為我的人生教練和講師——夏緬・哈沃斯（Charmaine Haworth）。她不僅是我的好友，也是我的另一名啦啦隊員，她總是擁有讓人從挫折中，看見自己努力一面的魔力。

另一種肯定自己與工作成就的方法，就是**改變衡量成功的標尺**。與其單獨依賴「數據」，不如開始衡量「意義」。例如：我會在雲端筆記平台 Evernote，建立一個「好評」資料夾，專門收藏 iTunes 上的播客好評、讓自己心情好的推文、讚美我的電子郵件等等。只要每次（幾乎每天）我對於自己作品產生質疑，以及無法關掉心裡的負面聲音時，與其去解讀谷歌網站分析（Google Analytics）裡的網頁數據，我反而會去瀏覽過去對我讚譽有加的存檔好評。

| 第二章 |

岸上課程

學衝浪的第一堂課不是在海裡，而是從岸上開始。通常在岸上的教學過程中，衝浪教練會先讓學生趴在沙灘上的教學板，教學生們演練划水、起乘、站立的連續動作，來模擬海中衝浪的實際情境。在學生準備好下水之前，衝浪教練會反覆要求這些練習動作。

其實，「岸上課程」是個不錯的隱喻，暗指過於分析而停止行動。很多人會受困於不斷求助下位專家來解決自身問題，或藉由不同的網路文章、播客節目、課程和講座來解惑自己所有的疑難雜症。這些人認為，只要事前做好充分準備，之後的一切都會進展順利、不至於遭到淘汰，但是這種想法是錯誤的。假如在讀完本書後，你依然決定什麼事都不做，這代表你確實還是選擇站在岸上看人衝浪。而且，正當你還在準備及等待觀望的同時，那些衝浪者也正在實現自己的獨特天賦。

我們都必得承認，下水也許會令人感到惶恐，因為一旦

進入大海實戰，所有在岸上的一切演練，還頗派不上用場的。因為在岸上模擬划水動作跟在海水裡真正划水，是截然不同的兩回事啊。一旦真正進入大海裡，會遇到岸上不曾存在的各式情況，像是碰上大浪或小浪；遇到其他衝浪者；跟腳繫在一起的浪板，可能在和海浪衝擊下而打到自己；有時浪很滾，海裡不時還會出現礁岩和石頭；水域時而深，時而淺。

不過，別緊張。一旦你划水入海、衝到浪時，這一切都值得了，而學習衝浪技巧或竭盡全力地自我理解，則是最簡單的起步。當有朋友問我如何學會判斷浪況，我總是說：「花很多時間待在海裡，自然就會明白了。」言下之意就是，**在認為自己準備好之前，你必先樂於跨出第一步。**

目前大家所看到的「獨特創意」網站（UnmistakableCreative.com），它最初的架構是來自另一個網站。當初網站上的內容，是把每個訪談各別以一則部落格文章來呈現，並於文中加上 MP3 連結供讀者下載。當我在回顧整個訪談過程時，我總是插太多話了，一直打斷受訪來賓發言。再與今日相比，過去採訪的內容簡直太薄弱了。如今，我的網站也歷經多次的重大調整，逐漸有了獨創一格的風格。然而這一切，都要

先從下水起步才會開始改變。

記得首次出版電子書時，我壓根不知道自己在做什麼。不只內容不夠嚴謹，賺到的錢也比預期得少。或許你會說這種情況猶如在追逐第一道浪，雖然我沒順利衝到浪，但起碼，我試過了。

要從書籍、播客節目、課程或講座中學習來解惑是沒有問題的，但是你若沒把學到的「知識」轉換成「智慧」（行動後的副產品），那麼你依然算是停滯在「岸上課程」。任何創作或創業總會有些未知數。也許在某個時刻，你必須走進海水追浪去。可能會有幾道浪直接從頭頂蓋下來讓你歪爆。但如同每位衝浪者都知道的，一切只要衝到一道好浪，就會令人上癮。

| 第三章 |

下水實地演練

　　每個人都會被某種東西，吸引到開展「獨創自我」的岸上。也許你一直被公司解僱，為自己人生感到迷惘，迫切地想大幅改變現狀；也許你受夠做個循規蹈矩的人，也不想按照一本沒有意義、沒有冒險、沒有動力、沒有目標的人生劇本生活；也許你徹底地下定決心要為自己而活。無論是什麼理由把你帶到岸邊，現在，該是拿起衝浪板下水去。真正的獨創自我，是從決心下水追浪的那一刻開始。

　　當衝浪者站在岸上感到興奮無比，內心充滿期待與無限可能的同時，他們也正在評估著浪況：

風往哪個方向吹？海流往哪邊跑？

浪況大小？衝浪時機佳嗎？

很多人在排隊等浪嗎？競爭對手能力又是如何呢？

　　評估浪況便是覺察的表現。「覺察」讓人在抵達等浪區、展開獨創自我的過程中，意識到可能會面臨阻礙的困境。浪況總是千變萬化，如果完全不去正視的話，將容易陷

入動盪不安的大海裡。然而，**獨創**自我通常不會憑空發生，在沒有自我覺察的情況下，人們可能會去模仿或複製已經存在於世上的事物，甚至嘗試做些不會成功的事，以及創作出平凡無奇的作品。

划水形同邁開獨創自我的第一步。這個作為開端的動作，猶如寫書的第一句話、繪畫的第一道油彩、向世界公佈網站的第一時刻、設計應用程式的首個使用者介面版本等等。也許你能在市場上找到一個不具競爭性，又合適自己，並且時機恰到完美的發展位置。或是你會洞察到一股趨勢，而走在潮流尖端也無不可能。同理，也有可能機會對你來說是視而不見的。無論如何，人在不明確的情況下，往往被迫嘗試、失敗、重蹈覆轍、行動，直到一個契機出現為止。

在你評估浪況時，也許會注意到不錯的划水點、水道，或是一個平靜海面讓你容易划到等浪區。也許你可以把划水時機拿捏得恰到好處，但海面的瞬息萬變皆取決於大自然的反覆無常，這些千變萬化的形勢是人類無法掌控的。你唯一能掌握的決定，**就是**拿起手中的衝浪板下水去。人一旦專心於所掌控的事物，這股專注力，便能賦予生活和工作力量。

人生總在某些時刻，是你抵達岸上時才發現浪況多麼糟

糕。然而，過去 7 年的衝浪經驗教會了我一件真正重要的事情。那就是：如果你只是出現在岸邊，甚至偶爾在浪況不好時下水玩玩的話，那麼你想在浪況好的日子裡獲得回報是不太可能的。

舉個親身的案例。6 年前，我利用筆電搭配麥克風，開始錄製與部落客間的訪談。當時的目的只是想瞭解他們如何設法增加訪客人數。那時候的我，完全沒有任何方向，在這種情況下，很像「下水划水」，但是自己卻搞不太清楚會追到什麼樣子的浪……或者，說不定連一道浪也沒有。對於這個形勢的評估，表明了我正在做的事情沒有太多未來性可言，甚至連專家都說過，播客節目已了無生機。不過，自從 2014 年記者凱文‧盧斯（Kevin Roose）寫下：「我們正處於『播客』的黃金時代。」從此讓播客形勢有了重大轉變。所以，我在播客形勢低落時下水划水，在時局一好時便獲得了回報。

然而，我們有時可能會因局勢不斷變化而誤判情況。的確，在驚濤駭浪的暴風雨天下海划水，根本是徒勞無功的。同理可證，在未經深思熟慮跑去投資貸款，或為了嘗試做些事，搞到自己破產、坐牢或死亡，也不是明智之舉。不過，

人時常過於想像失敗的情況，進而阻礙自己下海玩水。所以，只要是在安全範圍內，就放手盡情享樂吧！

許多人花了一輩子的時間，佇立於夢想中的遐想沙灘，等待著最合適的點子、最棒的浪況和最佳時機出現。可惜，「投機」從來不會成為落實想法的催化劑。你可以花上一輩子，站在岸邊著手準備計畫，試圖讓自己在衝浪時，能達到完美站在浪板上的能力。不過，**如果是在岸上待得太久，終究會使「準備」成為「拖延」。**

記得第一次上衝浪課時，教練對我說過一句話，我覺得很適合作為捨不得離開岸上的最佳譬喻。當時的我還不是很懂得掌握在衝浪板上站起來的技巧，因此我和教練在岸邊練習了 1 個小時以上。後來教練對我說：「其實小孩子通常都忍受不了在岸邊練習 1 個小時，他們總是堅持快點下水去玩。」在教練說完話後，我們就下水去了。所以是時候，將外在的成人世界留在岸上，讓你內心的童心划水衝浪去吧。

也許你正在等待……

等待有了更多錢以後。

等待中樂透，或被「挖角」。

等待有人允許。

等待有人保證，你不會被海浪蓋過或歪爆。

等待有充分十足的信心、勇氣與驕傲，相信自己是與眾不同的那一刻。

等待你「知道」正確方向，或「看到」可以著手進行的那個大計劃。

等待以上所有事情，在未來成真的那個神秘時機。

只要你仍佇立在海灘上，所有等待的事情，都不會發生。唯有下水衝浪、發揮自己的天賦時，才會造就獨創自我的人生。

觀望前先跳躍

維特・薩德（Victor Saad）早年過得不是很順遂。他和父母從埃及移民到美國後，父母親便在他高中時離婚。所幸他受到一群青年牧師、老師和教練等引導人生方向。從這些人身上，他看見未來的自己。在埃及文化中，雖然成為醫生或工程師是條循規蹈矩的人生道路，然而薩德卻選擇以教育為職。

　　當薩德在芝加哥郊區的一所國高中學校任職時，他協助校方成立學生中心。在他下一個職涯規劃中，是成立一間結合商業與非營利教育的社會企業。

　　然而，就在薩德充分準備好研究生管理科的入學考試後，卻在知悉商學院的學費不貲而打消申請學校的念頭。維特‧薩德為了找出足以取代高學費的工商管理碩士學位的就讀方式，因此決定自己設計碩士課程。他在網路上開創了具有教育倡議的部落格——「躍年計畫」（Leap Year Project），目標是在 1 年裡參與 11 項不同工作類別的實習，最後以一場 TEDx 演講作為畢業成果。在計畫期間裡，薩德接觸了科技公司、廣告代理商及其他機構等等，並與每間公司合作完成一項計畫。爾後，他透過群眾募資平台 Kickstarter，成功募得款項出版《躍年計畫》著作。

　　不過，薩德的計畫距離結束還有一段距離。此刻的他，遇上一個大哉問——如果重複執行這項「躍年計畫」是否能進一步革新高等教育。因此薩德從中發想出一套全新教育計畫：「體驗學院」（Experience Institute）。截至目前，此教育計畫已順利輔導兩屆學生畢業。在「體驗學院」的教育過程中，有一大群的產業領袖指導著學生，協助學生在各自的學

習領域裡建立絕佳機會,更有不少提供實習機會的公司,支持學生的付出與努力。爾後的體驗學院,與史丹佛大學設計學院攜手合作。薩德也因此榮登《富比士》雜誌評選的「30歲以下菁英榜單」(30 Under 30)。

薩德在上述歷程中,完全沒有預料到結果會是如何,他唯一做的,就是下水不斷地划水找浪,從一家公司實習到另一家。當薩德在播客節目《獨特創意》中受訪時說道:「我看得見未來前景,只是還想不通如何抵達。」

當人們開始著手任何事情時,心裡看見的,往往是美麗結果的景象。實際上,大家卻不懂得如何前往目的地。唯有透過一番行動、實驗、跳入未知領域之後,才能使我們漸漸明白抵達目的地的步驟。隨著每一步伐的邁進,景色也會隨之改變,視野也變得更加寬廣,同時也會看見過去未曾見識過的事物。就算過程中我們失敗了,但有時候只要小小的退步,換來的是下一次大幅度的進步。**挫敗**使人看清做對與做錯的地方,讓人有機會從中修正錯誤。從每次的追浪過程裡,都會讓人多學到一些新見解。秉持勇氣與恩典的心態,駕馭每道浪的能力也會隨之增強。

唯有下水,才有機會知道自己衝浪的能力有多好。人不

僅要去**擁抱未知**，也要**願意吸收新知**，並在自己的領域持續創作，或提昇技能直到黔驢技窮為止。你要學會把自己的人生變成彩色的。

看不見的景象

在我的播客節目中，盲人藝術家約翰・布萊姆布利特（John Bramblitt）跟很多受訪者一樣，都有著坎坷的童年。他從 2 歲起患有嚴重的癲癇症，健康問題更是從小持續到高中，這段期間裡他還頻頻進出醫院。約翰因而轉以視覺藝術的方式來面對人生的挑戰。然而，就在 2001 年，當他成為大學生時，卻因癲癇發作導致失去了視力。

失明迫使約翰以全新思維學習走路、煮飯、閱讀等等的生活方式。使用「觸感」，則成為他感知世界的主要方式。再者，對於視覺障礙者來說，成為一名視覺藝術家的決定，似乎是個奇怪的選擇。不過，他倒是自行發展出一套「觸摸」的繪畫技巧，憑藉自身對不同顏料紋理的手感來認知並調色，並在畫布上創作出一幅幅風景畫。在首次進行盲人作畫時，他完全看不太到畫布上的景象，可說是不清楚作畫到

底有沒有成功。過了好幾年之後，他成為了名聲響亮的藝術家。在約翰的畫展開幕時，有人走向他並問到誰是藝術家，這個人在得知是他本人時相當吃驚。約翰的畫作裡充滿各式各樣的顏色，以及寫實生動的景象，真的很難相信他是名全盲畫家。

| 第四章 |

關鍵時刻與直覺

2008 年 12 月 31 日，這天是我在巴西當了 6 個月交換學生的尾聲。那時的我，終於學會站上衝浪板。在那年之前，我人生裡差不多試著衝浪 15 次左右，還上了一、兩堂課。每次的衝浪結果總是不停地在海面上划水，卻從未順利追到浪。然而，就在 2008 年的這天，我決定不再坐在沙灘上買醉，而是跑去跟一位長得挺像史密斯樂團（Aerosmith）主唱史蒂芬・泰勒（Steven Tyler）的阿根廷人（但本人看起來老很多）租衝浪板。沒想到 20 分鐘後，我居然順利起乘站立，並成功衝浪到岸邊附近。這種感覺比經歷宗教洗禮更具非凡的意義。那一刻，成了我人生重要的分水嶺。一開始我以為自己只是僥倖，因此我再試著追浪，結果一樣成功。等到最後要歸還衝浪板時，我已數不清自己到底成功站立多少次。而且在回到岸邊、踏出海面的那刻起，彷彿過去幾年遭到公司開除、失戀、慢性健康問題等等所有累積的壓力，瞬間一掃而空。我感覺前途一片光明。那時我心想著：「我要一直保有這種感覺，為此我要做出相對的決定。」

這個「關鍵時刻」令人感到可以改變生活的軌跡，但也只有在我們意識到它的存在時才行得通。要融會貫通獨創自我的藝術，意味著**在經歷關鍵時刻時，必須得學會相信自己的直覺**。人往往在遇到關鍵時刻時，傾向不太去信任自身直覺，原因是我們常迷失在「應該」要做的事，而非去「感覺」一定要做的事，因此導致我們埋沒或漠視這些關鍵時刻。我可是花了很多時間才學會注意到這些關鍵時刻，並同時懂得相信直覺的。

不幸的是，我認為人都是先從不去信任直覺開始，才漸漸明白學會信任它。除非你生性樂觀，認為世上所有一切都是美好的。不然的話，所有的「大智慧」都是從錯誤中領悟的。例如：

- 從事錯誤的工作。
- 跟不對盤的人談戀愛。
- 相信不該信任的人。
- 活在別人期望的人生裡。

在明白哪些浪值得你去衝之前，必得吃下不少海浪帶來的磨練之苦。

大學畢業後的第一年，我得到兩份工作的面試機會。第

一間是幾乎樣樣健全到位的公司，第二間則是朋友任職的新創公司（座落在加州的醫療轉錄軟體公司）。在前往新創公司面試的路上，我的內心早已決定到第一間公司上班。當時會去第二間面試的唯一理由，只是為了做個人情給朋友。對於第二間公司的面試，我當下的直覺呼喊著：「小心災難正在醞釀中。」我未來的老闆似乎才正要開始學習如何把冰塊賣給愛斯基摩人，公司的工作環境也了無新意。那時候兩間公司的面試我全部順利通過，但最後，我很愚蠢地為了想多賺五千美元的薪水，還有跟朋友在同間公司上班等理由，轉而選擇了新創公司。我以為我「應該」選擇這份工作。結果告訴我的是，直覺早就先警告我了。果然，在正式上班的第四週，新創公司全面降薪百分之二十。每隔幾週，執行長則狂躁不安地解僱員工。如此有害的工作環境，也使我罹患嚴重的腸躁症。

也可以說，我的腸躁症案例說明了，不聽信直覺會產生意想不到的結果，甚至直接影響到健康。撰寫《新創者大集合：創造自己成功條件的心靈實用指南》（*The Fire Starter Sessions: A Soulful + Practical Guide to Creating Success on Your Own Terms*）的作者丹妮爾・萊波特，在《獨特創意》中分享，執行長的身體狀態對決策產生的影響。如果執行長在會議期間

的飲食消化不錯，通常會正面肯定決策。相反地，如果他消化不良，決策也不會順利敲定。換句話說，身體如果出現了毛病，可能代表直覺正在提出警示。所以，請好好傾聽自己的身體狀態。

身為培訓企業主管的教練蘇珊納・史考莉（Suzannah Scully），因為恐懼而讓自己接受一份打從心底認為不對勁的工作。她在《獨特創意》裡說到：「在我的人生中，走過很多次所謂『應該走』的道路，而每次的結果都不盡理想。」按照蘇珊納的說法，「首先，宇宙冥冥之中會在你耳邊碎念，接著大罵，然後當頭棒喝。」出於恐懼關係，大部份的人在信任自己之前，都在等待著一道當頭棒喝的警告。

當我們不信任直覺的情況下，通常會接受原本想要拒絕的事情。我們總是活在別人的期望裡，我們所做的選擇，往往也是為了需要他人肯定而做出的決策，並非是滿足自己。最終，大家都帶著層層面具，巧妙地捍衛並接受現狀，直到融入那一層社會面紗為止。當我們相信直覺時，任何自己所接納的事物都令人覺得正確。我們內心會有一套想法、一個堅定的信念和承諾，來執行讓人活得更美好的事情。

《障礙就是道路》（*The Obstacle Is the Way*）的作者萊恩・

霍利得（Ryan Holiday），在走上違背傳統價值觀的休學之路，雖然他的人生定位尚未明確，但是這個「關鍵時刻」卻促使他打開更多未來的可能性。由於他信任直覺，有幸在寫作與行銷大師羅伯·葛林（Robert Greene）和塔克·馬克斯（Tucker Max）旗下見習。霍利得寫過幾本書籍、擔任服飾品牌 American Apparel 的行銷總監，爾後成為許多暢銷書作家的行銷操作之手。

2009 年，在我發表與部落客喬許·漢納岡（Josh Hanagarne）的訪談後，他跟我說：「別低估自己接下來的發展。」幾個月過後，我訪問到了第 13 個部落客西達·薩瓦拉（Sid Savara），在訪談結束後，薩瓦拉寫了封信給我：

> 你應該在「部落客訪談」上全力衝刺，並致力於此事。
> 我認為這些訪談系列，若能夠整理收錄到全新的網站，
> 屆時將會大放異彩。雖然你的個人寫作發展和採訪其他
> 受訪者所寫的文章都不錯，但那些訪談系列的內容，說
> 真的，這才是「真正」讓你部落格大出風頭的亮點。我
> 認為你在訪談上有個絕佳良機，因為至今「沒有人」跟
> 你一樣，如此密集地錄製部落額的深度訪談，再加上你
> 的訪問風格也很討喜。你對其他部落客的好奇與提問，

以及挖掘部落客們的經驗談，全部加起來讓訪談內容更有「聽頭」。這些你所有做過的訪談，猶如一件件尚未被發現的珍寶。

在看完這封信的 1 個小時後，我購買了一個新網址，創立了今日大家所見的「獨特創意」網站雛形。我的內心深處十分清楚，這是一件必做之事，並且從中看見無止盡的可能性。我從來沒有像此刻般，立即展開行動或充滿樂觀態度看待人生的一切。「按照他人建言行事」與「憑著直覺行動」，這兩碼事的差異性在於，前者讓人感覺受到逼迫，後者讓人真正發自內心深處有所作為。我倒可把薩瓦拉的建議視為另個部落客的肺腑之言，不過我並沒有這麼做。我察覺到這個關鍵時刻，並聽信自己的直覺。這個行動開啟了我從未計畫過或準備好的機會，也因此帶領我走出一條獨創自我的道路。

同樣地，作家史蒂芬‧普雷斯菲爾德在信任自己直覺下，也獲得更好的回報：

當我在發想創作《重返榮耀》（*The Legend of Bagger Vance*）的時候，還只是名窮困潦倒的編劇。那時候我約了經紀人見面並跟他說，目前發展的是小說而非電影劇

本的這個壞消息。我倆心裡都有底，第一本小說的誕生要花上很多時間，但卻一毛錢也賺不到。更慘的是，這是本關於高爾夫球的小說，就算找到出版社出版，到頭來也只是被丟進回收箱去。

幸好激發靈感的繆思女神找上我，要我赴湯蹈火在所不辭的完成這個小說。結果超乎意料之外，此書成為一鳴驚人的暢銷書，這是我從未擁有過的成功，而從此以後的著作，運氣也都很好地暢銷了。到底原因為何呢？我想最合理的推測是：「我信任內心渴望的行動，而非心裡認為會成功的事情。我做自己有興趣的事情，然後把回饋效果留給老天評斷。」

如果史蒂芬只是為了獲得肯定，而去創作違背內心直覺渴望的作品，那麼他的寫作成果絕對達不到自己內心的期望。而且其著作可能也不會如此暢銷，甚至有可能因此停滯在一開始就不想創作的計劃裡。

無論如何，**每個創作者必須考量到「創作」與「商業」的微妙平衡點**。去創作一些從直覺出發的作品，以便吸引自己之外的觀眾，這才是個（至少應該是）獨創自我的目標。然而，忽略目標族群的興趣，這一點類似索妮亞・席蒙芮

（Sonia Simone）口中的「裸鼴鼠」（naked mole rat）理論。誠如席蒙芮在部落格（Copyblogger.com）中提到：「倘若部落格經營『裸鼴鼠』的內容，最好抱持著熱情、不求獲利的心態為出發點。因為對冷門的昆蟲或群居囓齒動物資訊有興趣的讀者，相對是有限的。」

相信自己直覺的奧妙之一，就是這件事會為你**帶來幸福感**。也許一開始無法證明這是正確的道路。畢竟若是相信直覺就會沒有阻礙和挑戰的話，那每個人早就這麼做了。也許直覺會導致失落和心痛，而且人們在願意信任直覺的許多情況之下，都會經歷一番痛苦的抉擇。但這個抉擇同時也會帶來一份因痛苦而有所轉變的人生角色體驗。**「信任直覺」也包括會出現一些不在計畫之內的風險和機會**。但最糟情況也頂多證明我們是錯的，以及驗證了批評者的話而已。

不過，當你因為造就了獨創自我，而使批評者沉默閉嘴，更重要的是，你從中體驗到了純粹的快樂。那麼之前所面對的阻礙、承受的痛苦與批評，種種的一切也都值得了。

獨特創意講堂

艾拉・盧娜（Elle Luna）

在日常生活中，常常會出現兩種決策的方式。第一種是來自壓力下的逼迫，第二種是源自內心深處的呼喚。當我們用第一種方式來決定事情時，表示我們是活在他人期許之下。然而，以第二種來做決定，則證明了我們信任自己的直覺，並朝著一條與眾不同的道路前進。這兩種方式，其實就是設計師兼畫家艾拉・盧娜口中的「應該」與「必須」。

「追逐自己的夢想」，這句話固然已是過度使用的陳腔濫調，但艾拉・盧娜是我唯一知道、幾乎實現字面之意的人。她為了追逐夢想而辭掉 Uber 和 Mailbox 等高知名度新創公司的工作。她結合了視覺藝術、文字和「人生十字路口裡的『應該』和『必須』」的理念，打造獨樹一格的創作風格和個人精神。如今她待在位於舊金山的專屬工作室裡，創作自畫像和繪製自己的惡夢情境，並且還設計紡織品以及寫作等等。

艾拉的「關鍵時刻」

艾拉在《獨特創意》的訪談中，聊到她反覆做的同個夢境：「夢中的我，總會坐在一間有水泥地、高高的白色牆面、倉庫型的窗戶，以及地上放著一張床墊的房間裡。在那個空間裡，我內心充滿無比的溫暖，感受到一股濃厚的和平與寧靜。」

然而，有位朋友問她，是否曾經想過在現實生活中尋找夢境裡的場景。雖然這個問題讓艾拉感到困惑與訝異，但也促使她決定去追尋看看。最後，她居然在美國分類廣告網站 Craigslist 上找到一模一樣的房間。艾拉最終在現實生活中，讓自己身處在如同夢境般的房間裡：

> 我在這個房間裡環看四周，想著這一切代表著什麼意義？到底在我身上發生什麼事？我很大聲地開口問自己：「為什麼我會在這裡？」然而，我聽見來自房間的回應，那是一股清晰又真實的聲音說著：「該是拾起畫筆的時候了。」

在艾拉的事業巔峰時，她可是服務於世界頂級設計公司 IDEO，她和團隊成員重新設計 Uber 和 Mailbox 的應用程式，這些應用程式在發表新版本之前，早已有超過 100 萬人下載使用。但她將這一切拋諸腦後，追尋且實踐在這個白色房間裡作畫的夢想。

那些在我們信任直覺之下的關鍵時刻，並不常會根據我們指定的時機發生。說實話，關鍵時刻的出現是沒有什麼道理的。關鍵時刻在我們追求未知的海浪時，要求我們去信任自己的決定。

艾拉的「關鍵時刻」指引出一個深刻的啟示：

此刻就是我看清所謂「人生十字路口裡的『應該』和『必須』」的時候。在我任職於新創公司且事業到達高峰時，同時在我的內心裡也出現一股想要繪畫的感受。這兩種世界完全不同，卻同時具有吸引力。但我無法再這樣下去，這兩件事根本無法同時進行。而我必須在這條叉路上，選擇其中一條走下去。我看了一下手上的存款，發現至少足夠為自己爭取一些自由時間。所以，就這樣，雙腳踏入了帶領我走向今日的繪畫世界。

我們不斷地走到人生的十字路口，反覆地遇到關鍵時刻，而在面對這些時機，我們不是選擇走開，就是往前邁進。若是追求內心的呼喚，如同追求一道完美的海浪，那麼我們不是選擇遠離海水，就是走入那片讓人獨創自我的大海。這就是在我們每次抵達「人生十字路口裡的『應該』和『必須』」時，所要做出的抉擇。

重新定義「正向結果」和「創意過程」

若想成為多產的創作者，很重要的一點便是願意捨棄作品，並創作一些從未想過及問世的作品。我的私人筆記高達千頁，累積了幾百筆半調子的想法，還有大量沒有打算再次閱讀的隨手筆記。艾拉也把類似的過程，運用在藝術創作上。如她所說的：「有些藝術家試了一次就創作到底，但我個性不是這樣。也許我希望未來會變成那樣子的人，但如今，我仍在大量捨棄作品，對我來說這還蠻酷的。」如果你習慣了捨棄作品，也會習慣創作更多新的作品。

在歷經第一次畫廊開幕後，艾拉決定停下腳步思考，什麼才是對自己「好」的結果。

「好結果」應該是大家都喜愛我的繪畫作品。但我想重新塑造和實現真正的「好」，那就是我在畫廊展出的60件新作，就這樣，我能做的僅止如此而已。所以，在完成布展後，我環顧四周一圈，心底想著：「我做到了，真的做到了。」而在參觀者陸續抵達時，那簡直是錦上添花。這些人的想法如何都與我無關，因為我已將目標轉變成一個更重要的人生目的。

人往往習慣將「正向結果」定義成那些完全無法控制的事情，

像是別人是否喜歡我的作品之類的。不過，如果能夠重新把「正向結果」定義成為「最符合內心的意義」，如此一來，就能把力量轉向到作品本身，並增加作品超越內心期待的可能性。

定義「獨創自我」

艾拉對獨創自我的定義方式：「從『必須』的那一刻起，就是『獨創自我』。這一刻是創作、行動、企圖心的清楚來源，是自己感受得到、看得見。而作品、設計、影像也會全然地呼之欲出。」

耐心等浪

擺脫典範，找出人生的指南針

一個衝浪者的內心指南針，能打開對世界的探索之旅，使追浪成為一生的冒險，引導我們抵達導航地圖上永遠找不到的地方。

衝浪者在海裡等待追浪的行為，在衝浪術語中稱作「等浪」（lineup）。如果非要說出一件我衝浪時體會到的事情，那就是：每逢有好浪，等浪人潮總是洶湧；這些等浪的人，往往衝浪技巧較為純熟，經驗也比較豐富。如果你想要追逐一道浪，必須發展出一套能夠進入「等浪區」的必備技巧，並且遵守衝浪禮儀。大致上，「一人衝一道浪」是原則，但衝浪者和浪的分配比例總是不盡理想。通常結局會是，**機會孕育競爭力**，擁有必要技能的出色衝浪者，最後衝到的浪最多。

如今，隨著科技與創意之間的距離縮短到幾近於零，創作者也比過往擁有更多隨手可得的機會發揮創作力。就算沒有豪華設備、龐大團隊和銷售通路，要跟世界分享自己的作品也非難事。只要有麥克風配上筆記型電腦，便能製作出播客節目，與全世界裡無數的眾人們分享。舉例來說，2015 年喜劇演員馬克・馬龍（Marc Maron）便邀請美國總統歐巴馬到他的工作室（由車庫改造），進行採訪並錄製成播客節目《搞什麼鬼》（WTF）。

當你知道加入等浪行列，是需要具備特定合格的技能時，人難免在「自己」與「追浪」（落實目標）間，聯想出

過多的障礙，或是自身欠缺的技能。但其實要加入等浪行列，往往不需自己單獨處理問題、不需接納不適感、不需要接受未知事物、不需要學習新技巧、更不需要突破新極限。

舉例來說，麥特恩‧格里菲（Mattan Griffel）本來在技術層面上找不到共同創人而感到失望，後來卻發現，自己能透過自學並編寫出 Ruby onRails 程式語言，完全不需要技術方面的新技巧與資源。爾後更於網路上設立「如何在 30 天內利用 Scratc[4] 打造 Pinterest？」線上課程，將自身經驗傳授出去。最後，格里菲在獲得知名新創育成中心 Y Combinator 的支持，孵化出自己的新創培育事業：「一個月」（One Month）。

此外，音樂人也可透過承租錄音室錄製音樂，讓歌迷從 iTunes 上聽到發行的專輯。「德勒斯登娃娃」（Dresden Dolls）樂團主唱阿曼達‧帕爾默（Amanda Palmer）因受夠了音樂產業經濟呈負成長，她轉而從群眾募資平台 Kickstarter 出發，向歌迷們順利募得超過 100 萬美元錄製下一張專輯。

不過，諸如此類的機會，其代價也使得競爭越演越烈。

---

4. 又稱「貓爪」。由麻省理工媒體實驗室終生幼稚園團隊，為 8 至 16 歲孩童開發的一套圖像化程式設計語言。

若想要順利加入等浪行列，成為獨創自我者，按 Breather 新創公司執行長朱利安・史密斯（Julien Smith）的說法是：「你的作品最好要比下位創作者更加出色。」正因為分享作品是一蹴而就的事，所以撐不夠久的作品難以在隨手可得的媒體中，開闢出一條嶄新之路。

　　如今人人都可在 Instagram 分享一週以上的作品，在部落格連續發文 90 天（大多數人約在這時間範圍內就放棄），錄製 10 集的播客節目等等。只要維持分享的頻率與時間夠久，你便能逐漸取得觀眾信任。一旦觀眾知道你明天、後天、大後天還會在，他們便可能繼續關注下去。儘管一件獨一無二的作品充滿著你的特色和創作 DNA，但是這並非代表說，這件作品僅與你自身有關，更重要的是，它還有對別人產生的影響。總結來說，能夠注意到你的作品獨創一格的是「別人」。如果你能夠在別人的記憶裡留下深刻印象，造就獨創自我的可能性就會更高。然而，在眾多試圖引起他人注意的個人想法中，**唯有能夠真正啟發別人的想法，才能創造出獨創自我的標記**。這點，必須靠著「時間」和「決心」來換取。

| 第五章 |

長久之計

如果我們想要達成任何獨創一格的極致之作，那麼眼光必須放得長遠。當真正的大師將作品呈現在大多數人面前時，早在此刻以前，已在創作上投入大量的心血，可謂十年耕耘、一夕取得成功。作家麥爾坎・葛拉威爾（Malcolm Gladwell）在《異數》（*Outliers*）中便說了，在歷經 10 年或 1 萬個小時的努力之後，肯定是你開始邁向最高成就的時間點。

人們可能想到，要為一件事情承諾努力這麼久的時間而感到畏縮。但是**「時間」才是最大的競爭優勢**。人人都擁有等量的時間，這也是唯一無法補充的資源。時間是最寶貴的資源，但大多數人卻將時間浪費在毫無價值的事物上，而且鮮少有人意識到。

想讓時間成為創作的主人，必得先仔細考慮如何利用它。第一個步驟就是**覺察**。撰寫《這一天過得很充實：成功者黃金三時段的運用哲學》（*What the Most Successful People Do*

Before Breakfast）的作家蘿拉‧范德康（Laura Vanderkam）建議，為自己製作一張時間表，完整記錄一週中每項活動所花費的時間。若是想更深入瞭解如何管理時間，可以下載 Tracker 或 Timely 等應用程式來加以運用。

然而，每位試用過這項時間管理方式的人，得到的結果都讓自己有所警惕。我們往往都落入一種「好有效率」的假象裡。在現今藉以臉書的動態時報、推文和無數網路新聞文章來驅動的世界裡，人們很容易將「活動」與「成就」混淆在一塊。如果你一天中，花費百分之八十的時間來追蹤別人的推文、網路文章、臉書動態消息的話，那麼你很可能正從事大量的活動，多過於微小的成就。

就在我追蹤自己一週的時間運用後，我很訝異地發現，自己居然花了不少時間在瀏覽社群媒體、玩線上遊戲、觀賞 Netflix 電視節目等等。也許你一開始的想法也跟我差不多，需要徹底地改變整個人生，然而其作法就如同採用斷食法般的消災食譜。成功改變的關鍵在於從**小規模**開始。先從謹慎利用一天中的 10 分鐘時間。一個星期過後，將時間延長成 20 分鐘，接著 30 分鐘，最後 1 個小時。

對於想要投入時間來追求極致之作的人來說，其中一個

不錯的方式，便是採取作家卡爾・紐波特（Cal Newport）所描述：「**深度工作管理的節奏哲學。**」按照紐波特的說法，「這套哲學認為，要持之以恆地進行深度工作的簡單辦法，便是將這件事變成**簡單規律的習慣**。換句話說，目的就是要運作出一套工作節奏，來免除花費精力去『猶豫』執行深度工作。」

而我也把這套「節奏哲學」應用在寫作上，以培養自己每天達到一千字的寫作習慣。我從少量字數開始起筆，每天訂定多寫的字數量作為前進目標。使得我將目標發展成一種習慣後，再度的增加單日字數量。最後的成果顯示，我養成了寫作習慣的節奏。

這套方法聽起來也許很棒，不過很多做事有效率的職人，也都非常建議大家，在自己的行事曆上，規劃出詳細的每日行程，例如：

- 規劃何時收發電子郵件。
- 規劃何時放空來浪費時間（沒在開玩笑）。
- 規劃何時執行最重要的工作。

當今世上最出色的創作者，都遵循「日常作息」生活著，這一點並非巧合，剛好作家梅森・柯瑞（Mason Currey）

也把「日常作息」（daily rituals）一詞，作為他講述創作者工作習慣著作的書名[5]。你一旦開始謹慎利用時間，便會驚覺到，自己有很多時間可以用來支配養成更規律的生活習慣。**而習慣更是掌握絕大多數技能的基礎**。也許「變化」能夠增添人生經驗的風味，但當涉及到創作者的習慣時，這可說是死亡之吻。

當我們投入時間與精力去努力創作的時候，也代表著，我們正在追求極致的可能性。

在播客節目《山姆的鏡頭之外談》（*Off Camera With Sam Jones*）其中一集裡，演員麥特・戴蒙（Matt Damon）談到自己走上演員的心路歷程。他在 13 歲時踏上演藝之路，主演過《心靈捕手》《瞞天過海》《絕地救援》等多部經典電影。正值高中時期的他，親自到紐約試鏡，並在當下決定這一輩子都要演戲。當時的他，就像一名衝浪者在追逐一道道的小浪，並且花了大量時間泡在海裡摸索。而他和另名演員班・艾佛列克（Ben Affleck）一起撰寫《心靈捕手》劇本的動機，其實也是為了創造屬於自己的工作機會，這也可以說，他們

---

5. *Daily Rituals: How Great Minds Make Time, Find Inspiration, and Get to Work*，中文版書名是《創作者的日常生活》，由聯經出版。

其實是為了追逐屬於自己的那一道浪。麥特・戴蒙在接受山姆・瓊斯（Sam Jones）的訪問時，回憶起當年發生的過程並說到：「如果我們只是呆坐等待，那麼什麼事都不會發生。」就在電影上映時，他早已花了 11 年以上的時間來磨練演技。從此之後，他更廣泛地投入拍攝、導戲、寫作和製作等等的幕後工作。

如果我們更仔細檢驗麥特・戴蒙的演員之路，可以發現到他有許多成為獨創自我的重要特質。10 年和 1 萬個小時的準則，絕對可套用在他的專業上。在成名作問世後，麥特・戴蒙步上了事業軌道，對演藝工作有著堅定的信念與決心。在演戲生涯裡，他總是繼續挑戰自己，保持超越現有能力的習慣。除了在演戲上嘗試多元角色之外，麥特・戴蒙也撰寫出讓自己站上世界舞臺的電影劇本。30 年的演藝生涯裡，麥特・戴蒙演了超過 59 部的劇情片。這些電影象徵了他所衝到的那些海浪，而演藝生涯的日子則形同他浸泡在海水裡的時間。

「獨創一格」是**自我探索的過程**。然而我們都在不懂得如何成為獨創自我的情況下啟程，「思緒」則透過一系列的創作來呈現獨創自我的面貌。只要將「點」連成「圖案」，我們的獨特天賦自然會浮現。「時間」是達成這個目標的關鍵必需成分。因此，「遠見」和「決心」的作用，就是在追

求獨創自我。

即便我的播客節目《獨特創意》從 2010 年開始運作，但是直到 2014 年時，我才真正活出獨創自我。目前能夠在浪上來去自如的我，之前可是花了 4 年的時間，每週都到海邊報到，不斷從衝浪中實驗和演練，遇上挫折和失敗也不放棄。甚至可以說，每一道小浪的練習，都是為了讓我乘上大浪所做的準備。

從執筆撰寫本書起，我已錄製超過 600 集的《獨特創意》；散布在我的記事本、部落格和書本之間的筆記，約在百萬字以上。而我對於「訪問」和「說故事」的創作決心，也超過了 5 年之久，並且正在持續延長中。即便如此，我仍抱持著學徒之心，而非自視為大師。

在充斥著推文、動態更新的急速變化世界裡，可能會讓我們曲解「目光長遠」的認知。我們甚至會迷惑自己以為 1 年是很長的時間。新創育成中心 Y Combinator 總裁山姆·奧特曼（Sam Altman）提到，身為一名創業者，要有奮鬥 10 年的心理準備，而且擁有一套長久之計是創業者最好的競爭優勢，因為鮮少人會在心裡如此盤算。若你想脫穎而出，成為自身領域中的大師，「目光長遠」和「下定決心」是不可或缺的。

| 第六章 |

創作者的迴聲室

　　2006 年，喜劇演員德米崔・馬丁（Demetri Martin）在電視節目《每日秀》（*The Daily Show*）中，錄製單元劇〈人生教練〉（life coaching）的側寫。當時，德米崔請教一名人生教練的工作內容，他聽完對方的答覆後便說：「人生教練就像是一名會跟你收費的麻吉好友。」隨後，德米崔自行找出符合人生教練的條件，不外乎要會使用網路、通過線上課程測驗、要會填寫表格等等。總結這些條件後，他便精煉了先前對於人生教練的定義：「**擁有區區認證和助人有限的『貴森森』之友。**」

　　在節目的後半段，一個潛在客戶上門諮詢這名受訪的人生教練，就在諮詢結束後，該名客戶深受成為人生教練的呼喚。縱使節目有趣且讓人笑聲不斷，但《每日秀》想廣泛傳達的，是有關大眾參與的「文化迴聲室」。

　　根據維基百科的說法，「以媒體面而言，**迴聲室**（echo chamber）意指在『封閉』環境內，重複放大和誇大相同的資

訊、想法或理念，以致於不同或對立的觀點會被過濾和禁止，否則不具代表性。」

當創作者融入了迴聲室，所有作為也只是在「複製」和「仿效」他人的模式。

天天都會有人看到最新網路爆紅影片後，渴望自己的影片也能在網路世界裡「中大獎」。這些人會去研究如何迅速竄紅，接著說服自己如果做同樣事情的話，自己也會一夜之間走紅。但是這些人，只是在促成「爆紅迴聲室」，永無止境地製造無法永續的模仿流行病。通常在這種情況下創作的人，肯定無法實現獨創自我。

- 許多人看到成功的商業教練或作家網站，便一絲不苟仿效他們的品牌和設計。
- 看到別人製作播客節目大賺一筆後，一群人也依樣畫葫蘆地製作同樣內容，並且只在節目名稱上做些變化而已。
- 只要有人因 YouTube 影片「一夕成名」，自此打開一條星光大道。不久後便會看見一堆人，也是為了想爆紅而拙劣模仿影片。
- 一間新創公司開發出廣受媒體好評的產品，並被視為下一個「獨角獸」（unicorn；新創圈術語，形容預估市值 10 億

美元以上的企業）。接著這家公司收到堆積如山的創業投資案，個個皆妄想從中複製成功。

只不過，我們似乎都忘了在這些方程式之中，只要出現**變數**，便會大大導向不同的結果。然而**變數，就是創作者本身**。假如我們不把這一點納入考量，等於否定了落實獨創自我的本質。毫無疑問的是，在這個世界中，從來沒有人擁有一模一樣的遺傳結構、獨特天分、經驗和觀點。要造就一番獨創自我，你必須不受他人遊戲規則的擺佈；而一個獨創自我的品牌，則得故意挑戰現況。

雖然從比你博學多聞的人身上學習是一件好事，但也得搞清楚「仿效」和「啟發」之間的差異性。我們的行動應來自吸收新知而有所作為，並非讓心中崇拜的人來定義自己的行為。**模仿不是最偉大的奉承形式，接納才是。**

2009 年的美國就業市場根本是一團糟，國家也正在衰退。平均來說，一份職缺都有近千人投履歷，即便連低薪的工作也是如此。如果你想要得到一份工作，就必須在人力資源部門的茫茫履歷大海中，設法讓自己脫穎而出。

身為設計師兼作家的潔米・菲蓉（Jamie Varon），在這樣的環境下，為自己找到嶄露頭角的方式。

她首創了一個求職活動——「推特應該聘用我」（Twitter Should Hire Me）。該活動迅速獲得媒體關注，菲蓉也因而獲得幾家公司的賞識機會。最後她為自己的工作創造許多需求，甚至還自行創業開公司。

當時我也注意到這個自我推薦的超棒創意，因此決定打造屬於自己的履歷版本：「聘用我的 100 個理由」（100 Reasons You Should Hire Me）。我利用商標產生器製作出與 Google 一樣的商標、註冊新部落格。並在上頭以條列式說明聘用我的理由作為履歷形式：

- 我有工商管理碩士學位。
- 我唸過柏克萊大學。
- 我有條有理、也很有創意。

我把存放履歷的網址寄給求職網 BrazenCareerist.com 團隊，他們也同意我使用這份履歷形式來求職。由於我無法提出 100 個聘用我的理由，我的心底很清楚這個計畫絕對會失敗，當然最後的結果也是沒有任何職缺找上我。我本身不足的執行力，只是求職過程中的障礙而非催化劑。陌生網友說我的網站爛透了，根本不足以說服別人聘用我，事實上的確也沒人來找我。當我回頭檢視計畫失敗的眾多原因裡，最大

的問題是這項計畫不夠獨特原創。當時的我就是待在迴聲室的人，我只看見別人成功的一面，只顧著去仿效別人的原創想法，當然失敗也是理所當然的。

廣為人知的攝影計畫「紐約人物」（Humans of New York），是來自攝影師布蘭登・史坦頓（Brandon Stanton）發想的點子。此計畫執行方式很簡單，布蘭登走在紐約街頭拍攝並訪問陌生人，且在照片底下附一段被拍者的話。至今「紐約人物」臉書粉絲已超過一千七百萬人，每張照片至少被分享過六千次以上。

我也在臉書上注意到一些來自其他城市的人物攝影計畫。那些複製布蘭登原創想法的計畫，縱使有些小獲成就，但也只有「紐約人物」是唯一不同凡響的。布蘭登所拍攝的每張照片中，訴說著在地新聞看不見的人物故事。論攝影風格、簡單字句和主題，這些都是布蘭登的獨特看法和觀察細節之下的副產品，加上他激勵陌生人敞開心房、展現脆弱的一面，也全都呈現在他拍攝的影像中。

由於布蘭登已經拍攝超過一萬名的街頭陌生人，他幾乎可以預料到每位被拍者的反應。因此，他也從中發展出讓人漸漸打開心胸的親和力。基於這樣子的互動，在他鏡頭下的

每張照片，都與被拍者有著獨一無二的連結性。

只有布蘭登能夠表現出他的執行方式。就算模仿者簡單拍下照片、寫下機智妙語，也無法達到同樣的成功標準。這並不是模仿者隨便能夠做得到的事情。

克里斯汀・蘭德（Christian Lander）經營的幽默部落格「白人喜歡的事物」（Stuff White People Like），也隨之出現幾百個模仿版本。但是因為克里斯汀・蘭德的部落格，是來自他的隨機創意和生活體驗，因此在眾多山寨版的部落格裡，只有蘭德才是別出心裁的。蘭德不隨波逐流，還說了：「人們都嗅得到內心渴望。你必須要創造一個連自己也喜歡的東西，真心不指望會因此而成功，不然這只會是失敗的第一步。」

當有人看到網路爆紅的成功案例，心底多少會有模仿的心態。換句話說，大家都會心想著：**如果別人可以成功，當然我也行。**

在摸索獨創自我的過程中，也許你可以參考作家奧斯汀・克隆（Austin Kleon）說過的一句話：「點子都是偷來的」（stealing like an artist）。也許你可以先試著臨摹別人的藝

術風格，或是仿照其他作家的寫作語調，再從中發展出自己
的風格。但是想要**有效地**偷點子，讓自己進而發展出獨創一
格的風格，你必須要保有**多元看法、從大師身上學習，並加
入專屬個人的風格**。把別人作品中學習到的經驗，融入自己
共鳴的事物，來創作出與眾不同的作品。如此一來，才不會
落入山寨版一途。而臨摹他人作品，就如同在岸上演練衝浪
一樣，終究某天你要親自下水，展現屬於自己的獨特天賦。

| 第七章 |

付出太多，難以退出

　　在現實生活中要加入等浪區，你必須要早點到海邊報到。除了常常現身以外，還要盡量留到最後一刻。回想我的衝浪學習過程所得到的經驗，說實在話，還蠻悲慘的。除了不知道自己在做什麼之外，還要被其他衝浪者視為麻煩鬼，三不五時從浪板摔下，鼻子更是灌進好幾加侖的海水。這就像是起身出發到一個專屬自我的獨特目的地，而過程卻是寸步難行的。不過，像這種一開始就困難重重的活動，卻令人難以置信的，最後竟然可以讓人快樂自如，甚至進而定義一個人的一生。在你衝到一道好浪（也可以說，創作一件不同凡響的作品）之後，你會對衝浪上癮，並且想再度回去衝浪。我在聖地牙哥某間酒吧遇到的一位朋友，他給我一個不錯的衝浪建議：「你去了 50 次之後，就會因為付出太多而難以退出了。」

　　我個人蠻能夠接受「付出太多，難以退出」這樣子的想法，而如果你也想要獨創自我的話，最好也能夠接納這個想

法。每次到了夏季尾聲，在美國分類廣告網站 Craigslist 上，可以看到許多人因為學了衝浪後，知難而退的想賣掉衝浪板的廣告。像這樣子的經驗教訓，可以套用在任何值得大家投入的事物上。業餘的人會賣掉衝浪板，專業的人會對衝浪學而不厭；業餘的人著手許多事物，專業的人長期專注在幾樣最感興趣的事物上。終究，專業的人會因為付出太多而難以退出。

不管是創作或創業，都有面臨到類似的學習過程與障礙。你必須投入時間經營來贏得其他等浪者的尊重。一開始，你不太清楚要往哪裡走。沒有人會認真理會你的作品，你也會常常犯很多錯誤，並且很有可能沒人想去看、去聽或去體會你的作品。你可能會因此感到氣餒，無法繼續前進，似乎一切努力毫無效果。但請記住，只要衝到第一道好浪，將會讓你愛上癮。

在完成了 600 個以上的訪問和數不盡的對話之後，我領悟到有能耐和沒有能耐到等浪區的人之間的差別，那就是**有沒有「持之以恆」**，如此簡單的道理而已。我看見很多比我有天分的人創業失敗，原因在於他們沒有嘗試或者不想再試一次。然而，如果沒有策略性的堅持，沒有從錯誤中學習，沒

有從追求目標中進步，你就會像是在滾輪上的倉鼠一樣，不斷的原地奔跑。創投家弗雷德‧威爾森（Fred Wilson）在自己的部落格中寫道：「如果把成功人士的習慣列成清單，『追蹤』和『衡量』會是清單上的前幾名。我從合作的人物、公司、團隊身上都看見這些習慣，在我身上也不例外。」養成衡量的習慣，足以讓你看見自己是否往心中的目標前進，這會比起你衡量「內容」來得重要許多。如此一來，你才能從錯誤中反省、獲得新策略、不再原地踏步，並且開始往理想的目標邁進。

當我唸完商學院後，在看不見前景的情況下，著手寫了將近六個完全沒有流量或訪客的部落格，那時我才開始明白，自己根本不知道在做什麼。我應該跟那些懂得如何經營部落格的人學習。恰巧當時無意間看到澳洲部落客亞羅‧史坦瑞克（Yaro Starak）開設「部落格達人」的課程。

當時為了想去上這堂亞羅的課程，我跟老爸借了 500 美元。我想你也可以說，我老爸是節目《獨特創意》的第一位投資者。現在我背負 500 美元的債務，加上老爸也算參與其中，使我為自己建立了一股更強烈的責任感。

此刻的我，算是「付出太多，難以退出」了。

　　馬拉拉・尤薩夫扎伊的父親，在巴基斯坦創辦學校。就在馬拉拉入學後，塔利班（Taliban）立即展開摧毀學校的舉動。在 2008 年時，馬拉拉發表「塔利班怎麼可以剝奪我受教育的基本權利？」的演說。不久之後，她匿名幫 BBC（英國廣播公司）撰寫部落格，紀錄塔利班極力禁止女孩上學。但她也因此收到死亡的恐嚇威脅。就算如此，馬拉拉也未因此噤聲。反倒是更投入女性受教權的運動，因為付出太多而沒有回頭路可走，她所付出的程度甚至不是大多數人能夠理解的。這個運動帶來的不利風險高到足以致她於死地。2012 年，馬拉拉確實遭受塔利班的槍擊，她也利用這個機會，贏得了全世界的關注，並藉此倡導女性受教育的權利，這一場教育運動也讓她榮獲諾貝爾和平獎的肯定。正如 BBC 的記者米沙勒・侯賽因（Mishal Husain）寫道：「1 年前塔利班試圖掩蓋的這股女孩聲音，如今已被擴大到超乎想像的程度了。」

　　這就是付出太多難以退出的力量。

| 第八章 |

不用在意競爭

之前在我們公司為了品牌形象，想要委託藝術家設計帶有挑釁意味的視覺作品時，我們心中唯一人選就是馬斯·多里安。我們根本不用大費周章物色人選，更不用煩惱從人選名單中做出篩選。我們寫信給馬斯，並向他說明發案需求。由於他的風格如此標新立異，根本沒有人可以成功仿效他。馬斯讓自己成為我們事業裡不可或缺的夥伴。也因為沒有人可以跟馬斯競爭，所以他的對手是誰，我們也無從得知。

當你真正造就獨創自我時，競爭已與你無關。因為你不是**最好**的選擇，而是**唯**一的選項。

當你成為唯一的選項，大家不會拿你去做比較，或是等你主動推銷自己。如果你是唯一的選項，不管你賣什麼樣的產品，大家都會願意乖乖排隊購買；不管你收費多少，大家都會願意等待與你合作的機會。

2015 年的除夕夜，第一次有人向我介紹桌遊品牌「毀滅人性卡片」（Cards Against Humanity）。我知道你內心想說的

是：過去 10 年我到底神隱到哪個星球去了？關於這款自稱
「最恐怖的聚會遊戲」的桌遊，官網上的問與答裡，還用冷
嘲熱諷的口氣說到：「到底要怎麼玩遊戲？」並且將問題連
結到一個標示著「去他媽的規則」的解說頁面。桌遊「毀滅
人性卡片」創造了一個造反式品牌。當該遊戲公司為了黑色
星期五 [6] 大拍賣而決定推出這款桌遊時，其目的就是刻意做到
最大程度的造反。他們甚至在官方網站上公布客訴信的內
容。接著，為了極力粉碎顧客的既有期待，他們將公司獲利
全數捐給慈善用途。而這件事也順道發揮了數百萬美元的免
費宣傳效果。

　　以上這些操作手法是在商學院、公司教育訓練或商業教
科書裡是學不到的。桌遊「毀滅人性卡片」利用毫不相關的
蓄意反抗行為來行銷自己，以及表明不做傳統「應該」做的
事情。透過以上兩種混合出的成果，才是這個品牌獨特出眾
的主因。

　　相比之下，放在我桌上的香氛蠟燭，我毫無頭緒它的製
作者是誰。而我會買下蠟燭的理由，也純粹因為氣味很香以

---

6. Black Friday：美國感恩節後的第一天是瘋狂折扣購物日，被稱作「黑色星期五」。

及價格便宜而已。如果有人偷偷拿同樣外型和氣味的蠟燭替換，說真的，我也不會發現。說到底，全都是因為這些蠟燭沒有特別與眾不同之處。

直覺電腦軟體公司（Intuit）的董事長比爾・坎貝爾（Bill Campbell），是位眾人皆知的「矽谷執行長」。他是推特和蘋果電腦（Apple）等等知名新創公司和企業掌舵人的人生教練。沒有人可以超越他，而且大家都想要跟他合作。坎貝爾的氣概不凡，因為沒有人可以像他一樣，跟蘋果電腦的史蒂夫・賈伯斯（Steve Jobs）、谷歌的賴瑞・佩吉（Larry Page）、亞馬遜創辦人傑夫・貝佐斯（Jeff Bezos）等等許多成功的總裁共事，並且還能針對不同總裁類型的客戶因材施教。

如果你是唯一選項，那麼將無人可以取代你的所作所為。任何企圖模仿你的人都會大為遜色，因為從長遠的角度來看，這些人絕對達不到預定的期望值。如果你試著成為最好的那位，表示你仍留在互相競爭的遊戲裡。**在你跟周遭的人一樣墨守著規則和目標，這也可以說，你只是遵守他人的量尺在過生活罷了。**就算你成為最好的一位，別人可能還是不會購買你的產品或跟你合作。也許是因為你的產品比較貴，所以他們去找類似的產品且價格便宜一點的。如果你遵

守了遊戲規則，或者試圖成為最好的那一位，這代表著總是有人優秀，有人遜色，而你所做的只是一路絆倒打敗其他人，直到抵達終點線為止。也許你領先群雄成為第一名，但最好的成就，也只是比競爭對手好一點而已。在超過一段夠長的時間後，這種你死我活的競爭，將會導致工作制式化，最終成為吊車尾的一攤死水。如果你的產品或服務可以被複製、被自動化、被低價外包給取代，那麼你終將會被沖到一片平淡無奇的大海裡。

如果你為了獨創自我，選擇追求困難度極高的工作，你的競爭對手最終會與你無關。因為你沒有跟隨他人的規則，所以**沒人**可以跟你競爭，反倒可能會有人還去模仿你（並且失敗）。不過，造就獨創自我並非一件容易的事：你必須清楚自己的內涵有多深，探索對你極為重要之事，把這兩項全神貫注到創作的每個元素裡，直到沒人能取代你為止。即使你認為已經盡力的時候，依然得加倍努力才行。即便沒人看見，或者也許沒人懂得欣賞你的創作，仍然要對自己的作品有信心。你必須擁有摧毀爛作品的勇氣。你必須要成為自己的基準點，設定一套標準，一次又一次超越自己。你所創作的內容一定要很出色，並具有豐富的價值，以致於無法讓人

忽視作品的存在。你必須要對呈現在世上的每一處工作細節做出努力、挑戰框架、重塑類別、蔑視他人對你的期望，並且用快樂的成就淹沒他們的意見。而你不能只是發表一篇部落格文章、製造一個互動、創作一件作品而已，**「獨創自我」必須成為中心思想**。在電視節目《星期五夜光》（*Friday Night Lights*）中，教練艾瑞克・泰勒（Eric Taylor）告訴年輕的四分衛麥特・薩洛森（Matt Saracen）：「你的生理和心理，都必須瞭解這個進攻。你要對它非常瞭解到，連自己的孩子都知道身上流著進攻的血液。」而瞭解獨創自我，也是同樣的道理。

造就獨創自我之作中最困難的部分，就是它沒有一套指示地圖、公式或簡明計畫來引導人如何達到目的。雖然現在有許多線上課程與書籍，販售著獨創自我的傳授招數，但往往這些遵照守則行事的人不會實現獨創自我。只有非常少數的知名部落客、播客主持人和 YouTube 網路紅人，是一字不違遵從他人指示成功的。但如同設計師保羅・賈維斯（Paul Jarvis）曾說：「沒有人會因為複製他人的指示地圖而成功。」成功的人要不就是拋棄地圖，不然就是從未參考過任何地圖。

| 第九章 |

「典範實務」是你最大的敵人

對於那些照章行事的人來說，「典範實務」（best practice）是他們無法抗拒的承諾書。典範實務意味著，個人或企業組織所累積建立出來的出色結果，他們將這些結果提煉成幾個關鍵要素，並包裝成一系列的典範經驗、工具書或案例研究。許多企管人才、行銷管理者和商業專業人士，都會藉由參照這些典範實務，希望能從中**複製**類似的成果。

如果典範實務的內容先出示以下免責聲明，那可以說比較公正屬實些：**我們將自身實戰經驗轉換成一些原則，也許有助於你或不盡其然。**

可是往往那些讓人遵循的典範實務及準則是強加於人的。如果我們開始提出疑慮：為何事情要用特定方式去執行。我們便能從中慢慢理出一些頭緒。然而我們會經常發現，很多事情以特定方式完成的唯一原因，只因為這是長久以來的一貫作法。1999 年，當程式設計師尚恩‧范寧（Shawn Fanning）打造出音樂下載應用程式 Napster 時，他完全漠視所

有的典範實務。然而，這項作法卻引來音樂產業的打擊，部分原因是 Napster 跳脫所有典範實務的框架。如今，過去一貫作法已變成我們回憶過往音樂產業的幻影，並且淪為前車之鑒。而且「傳統」更成了延續典範實務的一項愚蠢理由，以致於人們製造出次優的結果。

拿我曾在佩柏戴恩大學就讀工商管理碩士學位的經驗，以及檢視其他商學院的課程來說，這十幾年來，即使學校知道課程勢必更新，但他們卻都不為所動。其實傳統就業管道（成績名列前茅、上大學、找份工作）老在我們看到之前就轉彎了，但大家仍執意使用相同的老方法來求職。因此造就了堆積如山的學貸，而非一座座的成功頂峰。同理可證，工作時間 8 小時是工業革命下的產物，即便今日大多數人不在工廠上班，但此模式仍然受許多企業組織採納且運用。

實際上，**典範實務是讓人脫身的完美推辭**。因為只要你嘗試過後發現行不通，那麼你可以怪罪給系統、指南手冊或出書的作者。不過，當你冒著風險去嘗試做些與眾不同的事情時，你是無法責怪任何人的。因為你同時是發想創意和突破框架的角色，一旦成果驚人，所有成就也就歸功於你。相反地，如果失敗了，你也得承擔起負面評價。換個角度來

說，保守行事的代價，就是工作成果最終成為一本可悲的模仿手冊，以及造就另一套在未來讓他人遵循的典範實務案例而已。漫畫家兼作家休‧麥克李奧（Hugh MacLeod）曾說：「網路使人容易踢館成功，也讓平庸難以永續維持。」遵循典範實務的後果，就是**使人限制了潛在的工作成果，增加了平凡的可能性，並降低獨創自我的發展前途。**

設計師兼作家的 AJ 里昂（AJ Leon）和他的團隊「錯配」（Misfit），打破所有傳統研討會的規則。與其把地點設定在美國大城市，他們選擇在北達科達州的法爾哥（Fargo）舉辦研討會；與其找些知名卡司陣容作為主題演講者，不如邀請來自世界各地獨具一格的達人；與其盡可能大量銷售大會的門票，還不如將觀眾人數限制在 50 名以內。這些操作方法幾乎違背大多數研討會的典範實務，卻也造就了聽眾享受於這場獨特的研討會，重點是，沒有其他研討會足以匹敵。而且會去參與這項活動的人，也都是因為想親身體驗這項獨特經歷而來的。

當初我在設計「獨特創意」網站的過程中，也參考一些典範實務。我和良師兼益友的葛瑞‧哈特（Greg Hartle）先向旁人問起，有誰知道不錯的「網站簡介」可作為我們參考的

靈感和方向。不過，真正的網站簡介構想，是等到我們都關掉電腦，不再理會所有最佳實踐方式後才慢慢浮現的。目前「獨特創意」的網站簡介，是以漫畫形式的視覺呈現。可想而知，應該沒有任何網站會用這種形式來行銷自己，但這個方式恰巧適用我們的品牌。如果一個公司網站的「個人簡介」，是以呈現各部門主管的大頭照為主（大約百分之九十的公司網站都這麼做），也許你可以自問「該怎麼做，才能跟其他的『個人簡介』產生區分？」我想找到最佳解答的第一步，就是先關掉電腦，讓想像力大肆發揮吧。

另一位排除參照任何典範實務的琳西・斯特林，她結合小提琴、舞蹈、電影等等藝術形式，重新洗刷大眾對小提琴家的刻板印象。像斯特林這樣的音樂創作，在美國知名茱莉亞音樂學院裡是學不到的，但她特立獨行的表演影片，卻在YouTube 裡創下超過一億次點閱紀錄。也可以說，斯特林結合三種藝術形式的獨特演奏成果，使得競爭變得無關緊要。

在商業領域上，Basecamp 專案管理軟體的共同創辦人大衛・海尼梅爾・漢森和傑森・佛萊德（Jason Fried），幾乎打破建立成功軟體公司的每一條法則。好笑且矛盾的一點是，他們倆還重新編寫一本教人「如何打破規則」的最佳實務範

本。他們捨棄一般長達 10 頁的內容，只用 1 頁來呈現商業計劃書。由於團隊成員們並非朝九晚五上班族、坐在同個辦公室裡工作；而是獨立分散在世界各個角落，這也使得集合大家開會顯得格外不便。但也因此，他們造就了一個獲利數百萬美元的成功企業，同時也為旗下客戶創造出數百萬美元的價值。

聞名宗教領域的超級教會牧師（magapastor）羅伯・貝爾（Rob Bell）。他在第一次上教堂時感到無聊至極。在成為牧師之前，他原本是名樂手。「你無法忍受一個無法吸引你注意的樂團。」羅伯在接受《獨特創意》採訪時說道，「大家會想去看現場表演，是因為他們希望事後可以跟朋友說，『你錯過一場好秀啊。』所以想想你為何要去做一件你應該要做的事情呢？」即便羅伯在成為牧師後，也從未忘記吸引觀眾的道理：「人們之所以去教堂，是認為你應該會打動人心。當我開始傳道時，對我而言，講道就如同一種藝術形式、一種游擊劇場、一種表演藝術。」

羅伯透過創造一個質疑、自我探索和非信仰的社群空間，藉此探討「活出精彩、有意義的人生」等此類的重要課題。這樣的探討方式，完全改變了人們過往上教堂的經驗。

與其在做禮拜時，讓人感到恐懼而中途離開；現在眾徒紛紛期待星期日的到來，並踴躍參與其中。

同樣地，塗鴉藝術家兼作家艾瑞克・沃爾（Erik Wahl）在成為主題演講者之前，從未上過任何像是國際演講協會（Toastmaster）等等相關的訓練課程。為了努力瞭解如何震撼21世紀的觀眾，沃爾沒有遵循任何典範實務，反而去研究現場音樂會、喜劇和其他藝術形式等等超出自身領域外的事物。他結合現場作畫、音樂和激勵人心的演講內容，深深地吸引住臺下的觀眾。沃爾說：「現場音樂吸引『參與者』，而主題演講者握有的是『被動觀眾』。兩者間的差距，讓人可以發揮起搭建橋樑的力量。」對於沃爾而言，由於沒有任何主題演講者表現得像他一樣，所以競爭也變得無關緊要。

也許你會想著：「很好，從現在起，自身領域的典範實務可以拋出窗外。但是我該如何知道下一步的行動呢？」以上所有案例說明了，這些鼓舞人心的創意，源自於他們採取跟別人截然不同的方法，才有辦法實現獨創自我。而本書目的是要協助你，打破那些自認必須遵循的規則，破除那些自認比別人快一步實現的無謂競爭目標，並且協助你走出迴聲室，讓你**好好做自己**。每個人都能藉由設計自己的課程，追

隨那些讓人啟發的事物，造就出獨創自我的成就。

如果你仔細觀察上述案例會發現，某種特定的一致模式漸漸浮現。那就是：它們都漠視或抗拒了事物原本應該呈現的面貌：

- 大家不會期待小提琴家，結合了「迴響貝斯」和「舞蹈」，創造出令人振奮的舞曲影片。反而一般人心想，小提琴家應該在交響樂團表演的音樂廳，演奏著協奏曲。
- 大家不會期待演講大會舉辦在小城鎮，演講名單多半是不知名的人物。反而一般人心想，這些講座活動應舉辦在大城市或飯店宴會廳，而演講者必是家喻戶曉的大人物。
- 大家不會期待上教堂時，宛如參加游擊劇場或搖滾演唱會一樣精彩。反而一般人心想，上教堂應該是冗長單調的經驗，並期許在承受苦痛後，能增加上天堂的機會。
- 除非你是專業漫畫家，不然個人簡介頁面不會以漫畫來呈現，因為這個方式對搜尋引擎最佳化（SEO）無益。反而一般人心想，簡介頁面應該是介紹公司，並附上各部門主管的大頭照和簡歷。

經由忽視典範實務、故意抗拒他人期望，落實個人內心或企業核心盼望創造的事物，這些具有創造性的傑作將會獨

創一格。而所有競爭對手則被拋之在後，並且他們還會爭先恐後地想著，如何改變方針並「複製」另個新典範實務來創新產業。

如果你真的需要一些典範實務，來引導自己實現獨創自我，那麼我會建議你，別去參考同領域的最佳實務範例，反而要去看看其他藝術形式是如何征服人心和激勵靈感的。雖然世上充斥著金玉良言的商業書籍，但值得問問自己的地方是，**你是否應該嚴格遵守他人的建言**。我不認為撰寫商業書籍的作者會希望大家像使用操作手冊般，用著照本宣科心態去對待創作這件事。我當然也不希望你按照本書方式來採取行動。反而我更期許，你能將本書視為**一只指南針**。

| 第十章 |

人生最偉大的成就，
該具備的是「指南針」而非地圖

當你的作品無法被複製時，代表著你開始信任內心的指南針。一個獨創自我之作是深不可測和樂不可支的綜合體。一個衝浪者的內心指南針，能打開對世界的探索之旅，使追浪成為一生的冒險，引導我們抵達導航地圖上永遠找不到的地方。

把信任和啟用內心指南針，視為人生的指引方向，是可以學習卻無法教導的。一旦我拋棄了導航地圖，頓時衝浪板、指南針和不確定的人生方向，就成了我所擁有一切。雖然指南針指引的方向是未知的，但沿途上能累積的是「經驗」。我所見到的，是尚未被發掘的海岸，還會遇到沒人衝過的完美海浪。只要我願意在沒有地圖導航下漫步，絕對可以親自衝到一道完美的浪。

過去十幾年，我總是使用標示著清楚目的地的地圖：

- 柏克萊大學。

- 工商管理碩士學位。

- 錢多事少的矽谷工作機會。

不過，隨著沿途風景大幅更迭，跟隨這幅指示地圖的後果，反而讓我走投無路了。在唸完工商管理碩士學位後，社會並沒有一份爽缺等著我，更糟的是，我還試著出賣自己的靈魂給最高出價者（比如：潛在雇主）。於是，當下的我才意識到，是時候拋棄地圖，讓自己開始好好編寫有關衝浪板、防寒衣和指南針的人生腳本。

也許你會因為方便好用和減少焦慮，而偏好使用「地圖」。但要讓地圖好用的關鍵在於，你是知道方向、終點站以及路線的。雖然參考別人的地圖，其結果未必糟糕（如同試圖成為最好的那位）。但是你若想實現獨創自我，就必須在沿途上的某刻，拋下地圖，讓自己迎接那些**未知的目的地和想法**。

當我打造第一個部落格時，我的心中只有一個目標：找到一份正職工作。不用多說，這個目標是偏離航道了。播客節目《獨特創意》主要存在的原因是我為了「指南針」拋棄了「導航地圖」。我曾參加過「利用訪問文章獲得部落格流

量」的線上課程。不過，這堂課並未教我進行以週為單位的訪問來賓、將訪談內容集中到單一網站上，並且讓每集內容至少保留 5 年。我因為沒有依循課程指導的方向，所以才能夠造就出獨創自我的風格。

由於我不依循他人的道路前進，反而啟用內心的指南針，指引自己走向特立獨行的創作之路。例如：我在數位媒體公司「靈魂鬆餅」（SoulPanck）製作過系列影片（網路爆紅短片《小孩總統》〔Kid Presidene〕），在 YouTube 上首播後，立刻擁有一百五十萬的訂閱者；我和不少來自世界各地的另類風趣人物交談過，他們有的是漫畫家、科技企業家、更生人、心理學家，甚至橫跨美國的遛狗特別計畫執行者；我創辦過線上藝術商店，專賣 T 恤、海報和其他酷設計商品；我寫超過一百萬個字；我的朋友來自世界各地。而我的事業為我的人生添增許多出乎意料的意義。

在原本規劃的導航地圖中，以上計畫沒有一項是被標示成目的地。這些計畫，只是**內心指南針指引我的結果**。只有在你為了內心指南針拋棄地圖時，才算得上大幅的自我蛻變。因為你不知道真正的目的地在哪裡，所以生活和工作框架的限制也不復在。雖然一開始會不知所措，但在這趟過程

中，只要你開始觀察自己想做什麼、想往哪個目的地探索，其實這是一種「解放」。有時候，當你把他人的建議當成一份地圖看待時，最好的結果也只是抵達到對方走過的目的地。因此，如果你希望實現獨創自我，必須學會啟用內心的指南針。

放下對地圖的依賴並不容易，因為你必須打破規律人生才做得到。婷娜·希莉格（Tina Seelig）是「史丹佛科技創業計畫」（STVP）執行長，同時也是史丹佛工程學院管理科學與工程學系教授。她教過的學生中，有些人生規劃安排得非常明確詳細。希莉格喜歡問這群學生：「在這樣的人生規劃中，還容納得下偶然的插曲嗎？」如果你現在才 18 歲，正在閱讀此書，我不得不告訴，你人生並不一定能夠按照預定的完美計畫進行。不過也請別太憂心，這並非是件壞事，甚至會帶來美好的一面。

也許在學校和職場中，你因全然的墨守成規而獲得讚賞。但在任何需要創意激盪，或是創業努力的環境裡，所有指示規則和典範實務卻是任人詮釋的，你若在明白箇中之道，便可能從中獲得回報。如同婷娜·希莉格所說：「大多數的規則，只是個建議而已。」

作家兼設計師柯林・萊特（Colin Wright）在完全不按照導航地圖下進行旅行。每隔 3 個月，他讓部落格（ExileLifestyle. com）上的讀者票選自己下一個旅行目的地。萊特從來不去研究旅行的目的地，而是讓冒險精神四處綻放。最後，萊特獲得了無數個與人對話的機會，以及獨一無二的故事，如果他當時使用地圖，這些經歷永遠不會發生。

作家克拉拉・班森（Clara Bensen），更是把拋棄地圖發揮得淋漓盡致。她在知名約會網站 OKCupid 認識一名男子，不管是理智或情感方面，她都義無反顧決定跟對方一起環遊世界。她在網路媒體 Salon.com 發表的文章〈OKCupid 有史以來最瘋狂的約會〉（The Craziest OKCupid Date Ever）寫道：「一場不帶行李和計劃的旅行，不僅止於一種簡約的生活方式，反而是一個熱情邀約人們面對未知的未來。而未知裡存在著真正壯麗的一面，只是沒有人教導我們如何迎接未知的壯麗風景，更不用說探索其可能性的廣度。」

然而，內心的指南針會去迎接未知，其中可能性的廣度也會隨之而來。拋開地圖，拿起衝浪板，讓內心的指南針指引你衝向獨創自我吧。

────── **獨特創意講堂** ──────

葛瑞茲・盧希娜（Golriz Lucina）

同時擁有創意總監和執行製作人身分的葛瑞茲・盧希娜，也是《靈魂鬆餅：細嚼慢嚥人生裡的大哉問》（*SoulPancake：Chew on Life's Big Questions*）的共同作者。數位媒體公司「靈魂鬆餅」是由演員雷恩・威爾森（Rainn Wilson）創辦，這間屢獲殊榮的公司，專門打造具有意義性的娛樂產品，並藉此探索人類經驗來吸引全球觀眾的參與。靈魂鬆餅製作的 YouTube 網路影片《小孩總統》，至今已超過 380 萬人次點閱，並且與歐普拉頻道（Oprah channel）合作拍攝一系列影片。

當葛瑞茲的老公戴文・甘德里（Devon Gundry）與演員雷恩・威爾森合作創立靈魂鬆餅時，該團隊冒著風險追求一條無穩定性、無獲利模式和無保證薪水的不確定道路。換句話説，追求獨創自我本來就無法確保任何事物。與其按照「複製成功經驗」的舊模式，葛瑞茲憑著直覺和本能，在靈魂鬆餅裡發揮創意。主要是因為，她願意去「創造」，而非大量「製造」有意義的作品。她希望，公司

製作出的作品是能夠打動人心，而不是企圖達到最多關注或點閱率。基於這些堅持，她的創作才會如此與眾不同。

從熱愛的事物著手

大多數人都是先遵循規則，接著才會從中明白自己所熱衷的事物。但是葛瑞茲的一開始卻是自問：「我熱愛做什麼事？從這件事開始吧。」葛瑞茲這一路走到創意總監的角色，可以從她完成出版與編輯碩士學位說起。她在擔任編輯一段時間後，轉職到田納西州的納許維爾市，擔任百老匯巡迴演出的行銷人員。不久之後，她認識了老公戴文，並和雷恩・威爾森一起創辦了數位媒體公司「靈魂鬆餅」。該公司的網站是基於「沒有答案。我們只是想打造一個大家有所發揮的地方。我們希望彼此有更深度和豐富的對話。令人驚喜的地方是，原來擁有這樣想法的人不止我們。」來設計完成的。

為了抵達我們的「獨創之道」，沿途上也許會出現各不相同和不相關的停站點；也許我們正做著一份似乎與未來計劃毫無關聯的工作；也許最後會意外搬到計畫之外的某個世界角落。不過，幾乎

所有創新、創意和獨特想法的出現，都是從料想之外開始成形的。葛瑞茲曾說：「如今回頭看，它讓我感覺到，之前我所做的每個小小決定，都引領我走到今日。」

直覺和本能

葛瑞茲的創意過程再次確定了一件事——真正獨創自我的養成公式，是不復在的。我們常接到電話，詢問我們如何打造之前製作的「某件」作品。但是，我無法告訴這些人說：「好吧，公式就是，去田納西州找位迷死人的小孩，在無敵腳本中加入兩段臺詞，然後放上超棒的配樂和好看的濾鏡，大功告成！保證你會拍出打動人心的網紅影片。」很不幸的是，創意不能光靠戰術，而是要憑「直覺」和「本能」。

葛瑞茲透過靈魂鬆餅製作內容的出發點，並非如何複製一夕成名的作品模式，而是去問：「我要如何利用這個作品，作為團結的管道？」

當我們運用任何能力取得成功時，很可能會想從中推斷出複製成功的公式。但是一旦我們忽略了直覺和本能，作品則會受到影響。如果我們以「打動人心」這種較具挑戰性的問題著手，那麼打

造獨創自我之作的可能性，也就會相對提昇。

在有限資源下，如何燃燒創造力

早期靈魂鬆餅所製作的內容，是受限於既有資源下完成的。最剛開始的作品並不油條，也未經太多琢磨，更無照本宣科。「大家看完後都覺得，這是投入很多心力與愛打造出來的作品，」葛瑞茲回憶說道。

事實上，她相信「在時間和金錢的限制下，迫使你以專心且全力以赴來創作，」這段話也影響了她和未婚夫的婚禮計畫：

> 我們真的很喜歡這一切，這些滿滿的甜蜜經驗令人回味
> 無窮。雖然我們沒有昂貴花束或奢華婚宴餐點，但我們
> 圓滿完成了我心中的夢想婚禮。

如果我們放任自己，有限的資源也可能成為阻力和拖延進度，甚至是逃避工作的藉口。另方面來說，好好把握有限的資源可以打造出更具創意、打動人心、引起共鳴的作品，葛瑞茲和靈魂鬆餅團隊就是這麼利用有限資源的。與其只看到資源有限，倒不如去問問自己：「如何利用身邊現有的資源？」如此一來，任何試圖解決的

問題，其克服方案就會立即延展開來。

定義「獨創自我」

葛瑞茲對獨創自我的定義：「當事物具有『真實性』，當你的創作來自於『自己的藍圖』，當一切名副其實又真誠可靠時，這就是獨創自我的最佳寫照。」

無懼下浪

不斷反覆練習，直到不再猶豫不決

願意承擔風險和作出犧牲，跟我們的成就獎勵是成「正比」的。只要你越願意挑戰巨大的浪，所獲得的衝浪成就感就越是非凡。

PART 3:

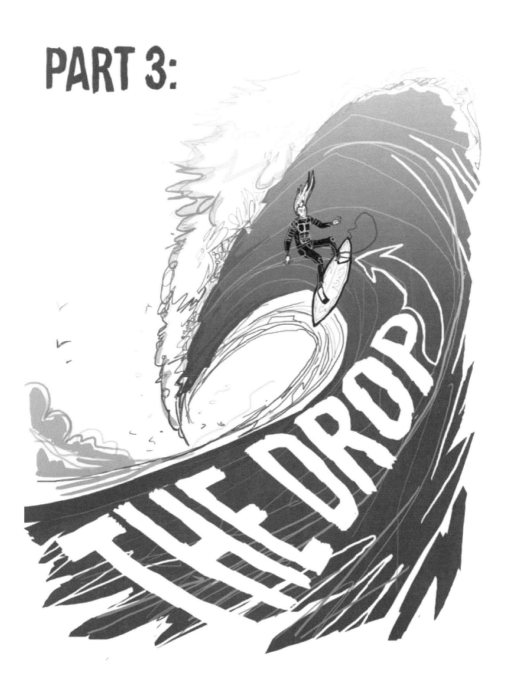

衝浪者在划水追浪，接連在浪頭處調整衝浪板的角度，讓海浪順利推著浪板前進，並同時撐起身體、站立在衝浪板上，這個瞬間可說是千鈞一髮啊。介於划水和站立在浪板上的中間時刻，則為「下浪」（the drop）。雖然過程只是一瞬間的事，卻是主導著整個衝浪狀態。如果把此道理套用在創業或創作：是否能順利站上世界舞臺、實現目標和達成預定的影響力，將取決於你**下浪的方式**。

海浪越緩和，下浪時的出槌機率比較大。至於在波面很陡的大浪裡下浪，則會讓衝浪者感受到極度的挑戰性和十足的成就感。這種海浪很像是海水做成的高山，讓你在下浪時，心情會隨著自己經歷了一場完美起乘或可怕歪爆，而感到興奮或緊張。面對這種海浪，你必須要很有膽量，並相信自己做得到。你必須像谷歌共同創辦人賴瑞·佩吉所說的：「抱持著健康的藐視態度面對那些不可能。」

當你全力以赴、沒有任何退路，這就是你的下浪時刻；當你追隨內心的呼喚，離開一份安全有保障的穩定工作，這就是你的下浪時刻；當你致力完成工作任務，這就是你的下浪時刻；當你簽下不能退還訂金的活動場所租用合約時，這就是你的下浪時刻。

下浪就是：**身在沒有退路之處。**

「下浪」可作為致力打造獨創自我的完美比喻。任何創作或創業的開始，都可成為你人生中重要的轉捩點。而你越是能夠許下承諾，便越有機會體會成功的到來。如果你在下浪時，內心猶豫不決，那麼眼前的這道浪，就會衝得一塌糊塗，站立浪板上的重心也會不穩，並且大幅提昇歪爆的機率。一旦衝浪者在下浪時有所遲疑，那便會很對不起一旁在等浪的其他人，更不會受人尊重。如果你準備就緒，並且全力以赴，保握下浪機會，實現獨創自我的可能性就會大幅增加。

你著手創造或開始的每件事情，就如同一道道的海浪。而「下浪」就是在實現獨創自我的過程中，一次又一次必得接觸的時刻。

| 第十一章 |

下浪越陡，成就感越高

　　知名衝浪運動家萊爾特·漢米爾頓（Laird Hamilton），是一名完成不可能任務的巨浪衝浪手。當你遠遠望著他時，你的心底多少會想著，漢米爾頓真幸運，天生具有好的衝浪條件，或是猜測他可能把所有時間都花在健身上吧。全身看似充滿肌肉的漢米爾頓，縱然實際年紀已 52 歲[7]，但他的身材卻比 20 歲的年輕人要來得精壯結實。這一切都得歸功於漢米爾頓對飲食的要求，以及瘋狂致力成為「終極水行者」（waterman）等因素。凡舉任何水上運動，像是立槳衝浪、衝浪、人體衝浪、游泳等等項目漢米爾頓全都做過。某次我無意間在 YouTube 觀賞到漢米爾頓駕馭著 70 呎（約 21 公尺）高的巨浪衝浪影片，這般令人歎為觀止的衝浪經驗可是我從未體驗過的。

　　然而，漢米爾頓並非無所畏懼，只是他對恐懼的感受似

---

7. 萊蘭特·漢米爾頓於 1964 年出生。

乎跟其他人不一樣──他視恐懼為一股力量。漢米爾頓在接受《戶外探索》（Outside）雜誌的訪問時提到：「**恐懼，是一股難以置信的動力**，但也會凍結人們的思路。只要你明白恐懼，它就可以成為一種被開發的能力。人們往往因為認為自己會死掉而產生恐懼。不過，恐懼卻也促使我做出真正的好決定，並賦予我一股力量。」

漢米爾頓覺察到「恐懼」另個面向的可能性，所以他以獨創自我之道不斷地重新定義巨浪衝浪的極限。這也使得所有巨浪衝浪手，都以漢米爾頓作為標竿。

然而，通常在你起乘後，如果不小心歪爆了，下場可能會很慘烈。你有可能會不斷地捲入海水中，長達 4 分鐘之久（憋氣也是巨浪衝浪者必須學習且作為訓練的部分之一）。你可能會像捲入鹽水洗衣機裡那樣，不斷地翻滾，鼻子大量地進水，這時難免會懷疑自己是否能夠浮出海面。又或是被衝浪板打到頭，造成耳膜受損（很諷刺的是，這種情況我也曾發生過，只不過我的浪非常小）。由此可見，你會感到恐懼，不是沒有道理的。

話說回來，你是否能像萊爾特・漢米爾頓一樣，將恐懼看成是另一種偉大的象徵呢？往往恐懼發出的，是一種實現

成功的訊號，而唯有我們企圖執行畏懼之事時，奇蹟才會開始出現。你是否能把內心恐懼，視為自己正站在膽大創新的邊界，而這份恐懼是足以真正改變你的人生呢？倘若恐懼的另個面向，是個可以超越自我極限的機會，並且開發你自認做不到的潛能呢？當你開始衝浪，眼中緊盯著陡峭的浪面而準備下浪，心中認為接下來會是一道難以置信的好浪，那麼我相信，這對於你猶豫不決的心態，是會有所幫助的。

隨著追到的每一道浪，你會漸漸擺脫那些讓自己無法獨創自我的層層恐懼、懷疑和猶豫不決的心態。每一道浪都在測試你的決心。**你所嚮往的野心越大，下浪點的浪壁也會越陡。**要達到下浪這一步，必須要先能看見那道打開未來、引領你衝出自己人生的海浪。

我真希望自己能準確地跟你說，實現獨創自我到底需要花多久時間，但是我真的無法。2009 年起，我早已在網路上進行文字創作。直到 2014 年，我自費出版《與眾不同的藝術》時，這才算是我人生中第一個重大突破。在我真正體會到外界所帶來的任何重大成功標記之前，我花了 5 年致力於寫作。這一份自我承諾，便是一處真正陡峭的下浪點。

我所知道的是，一旦你要認真了，執行過程裡所需要的

時間，絕對會比自己所預期的來得長。如果你不願意下定決心，在自己的人生裡至少花上 1 年的時間鑽研某項專業，並竭盡所能地衝出自己的浪花，那麼現在，你可以闔上這本書了。因為要學會如何致力於下浪，必須付出很多時間待在海水中摸索。如果你樂意執行這一點，那請繼續閱讀下去囉。

關於「時間」和「時機」

　　三不五時我的朋友都會告訴我，他們想學衝浪，他們也會順便問我能否教他們一下。但是我在答應之前，總是會先警告他們，想學衝浪的話，必須連續好幾天到海邊報到。然而，我也注意到那些還沒學會在衝浪板站立的朋友，始終有個共通點，那就是他們隔天不會再度回到海邊學衝浪。很顯然地，他們並沒對自己許下諾言。

　　另外，我有些朋友是出了名的定期靈感大發作。他們每隔 6 個月，會在某個星期六午後，只要是臉書打卡、Netflix 影集等不用動腦的事情無法抓住他們的注意力時，他們就會心血來潮的進行一下研究、發想點子，甚至進一步採取行動，執行經營理念或創作計畫。從他們著手的方式，便可清楚地看透他們是無法實現目標，甚至看得出來他們在下浪時是猶

豫不決的。如果這個星期六的午後無法讓他們一夕成名或致富，他們不介意隔 6 個月後再試一次。這種感覺就像是每隔幾個月，就去海邊下水，但內心總是在想為何衝浪這麼困難。網路上確實遍佈這些突然心血來潮且只花一個午後的時間，就想在世界出名的陌生人所建立的數位墓園。

作家朱利安・史密斯（Julien Smith）和克里斯・布洛根（Chris Brogan）所合著的《影響力方程式》（The Impact Equation）中，提及「頻率」是影響力的重要變數之一：

> 「曝光」是吸引眾人目光的藝術。你要一次又一次地曝光在大眾面前，直到他們有所反應為止。簡單來說，曝光就是頻率。「曝光率」也是造就潛在的買車客戶，最後走進裕隆日產汽車展示中心購買車子，或讓部落客終於說服訪客成功訂閱文章的原因，抑或《紐約時報》最後說服讀者掏錢訂閱超值刊物。

你願意為追浪付出多少心血，將取決於下浪的姿態。你願意承諾什麼？時間、精力，還是金錢？而你願意投入的程度又有多少呢？如果不能每項都選，至少你需要選擇一項，作為自己的承諾。

《辭職高手》（*Quitter*）和《不受限的工作人生》（*Do Over*）的作者喬恩・阿考夫（Jon Acuff），他闡述人們通常在著手某件事情後，會迫不及待地希望看到好結果。這好比有人從事會計師行業 10 年後，突然轉行當藝術家 1 年，然後卻抱怨當藝術家不像會計師那樣成功。

皮克斯動畫公司（Pixar）的故事是值得效仿的，因為它證明了，只要花大量時間待在海中，致力於順著一道巨大陡峭的浪壁衝下去，絕對可以順利追到真正的大浪。艾德・卡特穆（Ed Catmull）、約翰・拉薩特（John Lasseter）和史帝夫・賈伯斯，這三位創辦皮克斯動畫公司的團隊可是走在時代尖端。只是在當時，「皮克斯影像電腦」（Pixar Image Computers）的供給需求不高，而採用電腦動畫製作的電影也是前所未聞的。卡特穆在談及皮克斯動畫公司的著作《創意電力公司》（*Creativity, Inc.*）裡寫道：

> 為什麼我們身陷虧損之中？因為最初的銷售熱潮幾乎瞬間消失，當時我們只賣出 300 臺皮克斯影像電腦而已。我們的實力也不足以大到可以很快地設計新產品。那時我們擁有超過 70 名員工，所有支出都算是消耗公司的危險預兆。隨著虧損不斷地增加，顯然我們只有一條生機

可循：放棄銷售硬體設備……。然而要輕易跨越這道難關的唯一辦法，就是我們要全力以赴，轉向電腦動畫製作的初衷想法。

皮克斯動畫公司多次面臨破產邊緣，幾乎快要瓦解。然而就在經營近 20 年和花費數百萬美元之後，皮克斯動畫公司終於抓住製作電腦動畫電影的巨大浪潮。當他們在決定放棄販售硬體，全心全意專注於電腦動畫的時候，我相信他們正處於一道險峻高大的浪壁，並致力駕馭這道巨浪的可能性。接下來的發展，就如出現大家眼前的電影《玩具總動員》、《超人特攻隊》、《怪獸電力公司》、《腦筋急轉彎》、《海底總動員》等等的強檔大片。這些成就都來自於他們堅持待在海中，並持續努力實現願景。

若想要打造出獨創自我之作，即使最終事情無法按照計劃發展，也需要致力於初衷裡所渴望的那件事。

2015 年的「播客運動」年度大會（Podcast Movement）在美國德克薩斯州的達拉斯舉辦，其中一位主題講者是喜劇演員兼播客主持人馬克・馬龍。他在 2009 年開始錄製播客節目《搞什麼鬼》。起初，他對於如何製作播客毫無頭緒。那時候他的喜劇生涯受到重創，太太又離開他，而他也嘲諷自己

的播客節目是「另類的自殺手法」。這也可以說，馬龍決心
豁出去衝這一道險峻的高浪，並且很努力地在解決節目資金
和觀眾來源的問題。

馬龍以一次衝一道浪的方式，逐漸地重建拾起自己的職
業生涯。他開始販售起 T 恤來為節目籌措資金。隨著節目聲
勢逐步成長，越來越多的知名喜劇大師，像是羅賓・威廉斯
（Robin Willams）和路易 C.K.（Louis C.K.）等等都到節目受
訪。隨著來賓水準提昇，節目也越來越受大家的歡迎。

如今馬克・馬龍的播客節目《搞什麼鬼》，已擁有幾百
萬的聽眾，受訪者包括了眾所皆知的演員、藝術家，還有美
國總統。馬龍的喜劇生涯重新振作了起來，這全得歸功於他
自己的電視節目，還有那個預告數百萬粉絲節目即將開演的
播客平台。

每當有意外事件發生時，人們的第一個反應自然是先往
壞處想。不過，願意讓自己處於風險和面對未知，其實是可
以打開更多可能性的。如果我們知道一切事情會如何發生，
所有結果則會變得明確無誤以及可以預測，這也促使我們看
不見其他的可能性。相反地，如果一切事物都是無法預測的
話，所得到的結果便會帶來更大的成就感。雖然未知與不確

定性似乎會使人感到不安，但卻讓我們擁有足以巨幅改變和創新人生的能力，就像馬龍一樣。如同我的朋友芮瑪・扎曼（Reema Zaman）所說的：「**未知是無限的一種形式。**」因此，如果你正站在一個不確定性的邊緣，那就好好列出追求這條路線的所有可能性吧。也許你會從中發現自己就跟「黑人女孩學程式編碼」（Black Girls CODE）創辦人金柏莉・布萊恩特（Kimberly Bryant）一樣，正從一道巨浪的頂處往下衝，帶領你前往一趟無法言喻的衝浪成就感。

自從金柏莉・布萊恩特在 2011 年創辦「黑人女孩學程式編碼」的非營利組織後，她的用心付出也掀起了女孩也能認識科技、程式設計，以及學習編寫程式的風潮。她的組織先從舊金山貧困社區的灣景獵人區（Bayview- Hunters Point）開始營運，起初只有 12 名學生，接著組織不斷地擴張，橫跨全美至少 7 座城市。當我還在撰寫此書時，她的組織已經在南非約翰尼斯堡寫下新的篇章。如今「黑人女孩學程式編碼」組織已茁壯到超過二千多名女孩參與，並且持續增加中。

金柏莉・布萊恩特希望能夠在 2040 年看到一百萬名女孩寫程式。這個目標讓她致力站在一處巨高無比的浪頭上，並且可能要動用到一輩子的心力與時間，才能夠實現追逐到這

道巨浪。

艾德·卡特穆、馬克·馬龍、金柏莉·布萊恩特三人的共通點，就是下定決心，長期致力追逐自己的夢想目標，並且**一定**要讓美夢成真。

風險

每次在划水追浪的同時，我也要承擔一些風險。我知道有時可能會過不了關。一旦浪以一整排的方式出現時，就算浪況看起來可以下，但整個浪可能會無預警地崩潰，就像是有一條地毯從你腳下抽開，造成衝浪者無處可去只能歪爆。只要你企圖衝的浪越大，所需承擔的風險也越高，所需的決心也越大。**成就感與風險承擔是成正比的**。

不願意承擔風險的人，是無法實現獨創自我的成就。承擔風險是獨創自我的關鍵成分。而要實現獨創自我，就必須要以全心投入愛情風險般的同等態度對待自己。

強納森·費爾茲《不確定性》（*Uncertainty*）一書中，說明「風險」和你在面對「失與得」的立場：

只要你著手一件空前絕後的事情，或是未照你想像的方式去執行，這些都得冒著損失一切的風險進行，像是浪費時間和金錢、斷送聲望和地位、失去收入或安全感。不過，這些損失所帶來的可能性，也是指示你前往正確課題的路標，讓你同時擁有其「過程」與「結果」。在這也會讓你更致力於「行動」與「付出努力」，因為這麼做不只單單創造東西，而是創作令人驚奇的作品。

因此，「損失的風險」勢必得存在。你若從不承擔風險，便無法成才。在略過會造成損失的風險時，你也摧毀行動的意圖以及核心動機。

在「創業」和「創作」上的付出，完全形同下浪的風險。

有可能大家會討厭你發明的產品。

有可能沒有人會買你的藝術作品。

有可能在這過程中，你會失去時間、精力和金錢。

這是一種相信自己會成功，也接納失敗可能性的平衡。有個捷徑可以讓你有信心最後會成功，那就是善用彼得・席姆斯（Peter Sims）所提及的「小賭注」（little bets）概念，從

低風險的反饋中，獲得更多信心，進而革新成長。

席姆斯在《花小錢賭贏大生意》（*Little Bests*）中說明，「如果我們尚未投入過多心思、時間或資源在發想點子上的話，那麼我們很容易專注於自己從努力中所學習及獲得到的，而非留意我們失去了哪些東西。」**小賭注有助於創作的過程裡，分擔了實現獨創自我的巨大風險，也幫助減少一些內心的恐懼與焦慮。**

當喜劇演員克里斯・洛克（Chris Rock）在大型表演場地，進行個人脫口秀巡迴展演前，他早已在當地喜劇俱樂部的「開放麥克風之夜」測試過上臺表演的素材。這些在當地的演出，就是洛克的「小賭注」。因此，他才會有信心且明確地說，自己一旦出現在幾千人面前表演時，觀眾們絕對會捧腹大笑。

小賭注一直是我在執行播客節目《獨特創意》中的基礎。在我自費出版《與眾不同的藝術》裡，也只不過是把在 AJ 里昂的錯配大會呈現的簡報內容，原汁原味地編寫成書。就像克里斯・洛克有自己測試脫口秀素材的方式，我則是利用現場聽眾來測試寫作內容是否能取得共鳴。而像是本書裡的某些內容或句子，也都曾不定期的更新在臉書狀態或推特

上。這些全部都是經過測試後，才呈現在大家的面前。

在衝浪的頭一年裡，我都會去看浪況預報，期許當天的海浪不會太大。但是隨著我衝浪技術的進步，自己也漸漸不怕去衝更大的浪。隨著我所衝的浪越大，我的舒適圈範圍也隨之改變。因為我知道，每一道小浪，都是為了迎接後頭更巨大的浪所做的準備。

如今我明白，隨著衝浪技術的進步，我想挑戰的海浪規模，是跟創作與創業的奮鬥野心程度密不可分的。小目標讓人充滿信心、勇於嘗試地擴大目標，並從加倍的小賭注，讓人繼續邁向實現獨創自我的人生。

我花了 1 年時間才鼓足勇氣出版電子書，甚至要求消費者付錢購買。雖然這本電子書錯字連連，但我終究是邁向了追逐更大的一道浪。

其實很多時候，我也沒有成功追到浪，甚至在起乘就直接歪爆。比方說，之前我們為播客節目聽眾所推出的專屬會員制度，在這之中創造的收益，根本無法支撐節目繼續進行。還有，我之前自費出版了集結過去訪談錄製內容的著作《部落客作家成功出書談》（*Blog to Book Deal: How They Did It*）。可惜這本書賣不出去，原因並非文筆爛或企劃不佳，最

主要的失敗理由是一開始出發點就錯了，我並沒有提供任何價值給讀者，只是去撰寫一些令我自豪的事情。當時的我只是想從那些夢想出書的部落客身上撈點錢。我的出發點一點都不單純，當然這點，也同時顯露在作品內容裡。

然而到了 2013 年，我開始去衝一些從未體驗過的海浪。我的主要動機不再是以名望、成功和榮譽為主，反而著重在**影響力**和**行動的涵義**。我渴望自己的創作是具有重要的意義，並且能夠感動人心。

我不知道是什麼理由促使我這麼做。也許是開車時看著後座年邁已高的父母；也許是從鏡中注意到自己跟 2 年前看起來不太一樣，頭上冒出許多以前沒看過的白髮。

人生苦短，我們應該盡可能地活得充實，就算沒有觀眾也要盡情揮舞人生，以便藉由人生見解，創作出鼓舞人心的文章、梗圖和電子賀卡。不過，在我的播客節目中，所有的訪談對話裡，是把這些老生常談，轉換成一個不容置疑的真理：**我們早晚都會死去**。也許不是明日，也許不是明年，也許在 20 年內也還不會死。在我明白這個真理後，我得到一個勇氣反問我自己：

是否我已創作出最雄心勃勃無畏之作？是否開始看見自

己作品立足在最前瞻的世界舞臺之上？

而我的答案只是一聲響亮的「沒有」，這使我感到極度的迫切。我受夠繼續等待自己得到別人的允許；我受夠繼續等待自己擁有足夠的權力；我受夠繼續等待看見更大群的部落格讀者和播客聽眾出現。我只能去傳達心中最渴望敘說的一切，執行我最想要創作的計畫。在我死之前，把自認最棒的天分與才華展現給全世界。如此一來，才會讓人更想透過深思熟慮的態度，去打造無法被人忽視的獨創自我之作。

無論海浪大或小都無所謂。比方說，我每天會寫下彷彿人生不可或缺的一千個字；自從播客節目開播以來，除了固定每週一和週三針對訪談發表內容之外，我也會額外發表多篇文章。我也自費出版過二本書：《小戰略》（*The Small Army Strategy*）和《與眾不同的藝術》。

截至目前為止，我人生中衝過最大的一道浪，就是第一次主動策劃並舉辦「發起體驗」（Instigator Experience）的大會活動。在確定租用場地之前，我簡單打造一個網站，徵求有興趣參加這場活動的人們，輸入自己的電子郵件。在這場大會裡的每位講者，曾經都是播客節目《獨特創意》的受訪來賓。他們所傳達的訊息，確實引起聽眾的共鳴。每次的訪談

都是個小賭注。而到了開放登記參加這場活動的日子，我們最後收到超過 600 封電子郵件。

我從販賣一本 3 塊美元的書，到銷售一張一千三百美元的活動門票，並且讓大家從全國各地飛來參加這場為期兩天的活動。在這之中，我需要承擔的風險包括了：

- 花費 6 個月的時間，投入在最後可能會一敗塗地的計畫。
- 一不小心可能會讓這場大會所有受邀的講者、來賓和朋友失望。因為這場活動，讓他們幾乎不得不提前 9 個月先規劃好行程，並可能因此失去其他機會。
- 承擔並簽下租用場地合約的財務風險，不管活動成功與否，都有身處資金危機的情況。

辦這場活動簡直把我給嚇死了，幸好最終圓滿完成且令人難忘。這場活動可以說是把我對於藝術、電影、音樂和劇場的熱愛，融合成一場別出心裁的體驗活動。然而，如果沒有經歷過之前的所有小浪，我是絕對無法走到這步。並不是每件小事都有意義。每當小事出現在我們的雷達範圍時，我們往往會把它看得比生命還重要——這就是我們往往忽略大事，只顧小事的原因。不過，如果你仔細研究，就會看到這是數百次的更迭，使小風險導向更大的風險，甚至可能成為

巨大的風險。每一道小浪都是為了後來的大浪所做得準備，並且提高你容忍風險的能耐。浪追得越多，越有機會衝到浪，甚至越有能力駕馭越偉大的巨浪。

| 第十二章 |

獨創自我的巨浪衝浪手

幾年前，傑森・蓋那（Jayson Gaignard）成功執行一場商業演唱會的宣傳。儘管他賺了比平均國民所得多出 22 倍，但他早已不在乎錢是否賺得足夠，而所有工作上的付出也滿足不了他的靈魂。

與此同時，提摩西・費里斯（Timothy Ferriss）在新書《身體調校聖經》（*The 4-Hour Body*）發表會上表示，若是有人願意購買等值八萬四千美元的書，他願意提供買方一場主題演講。當下傑森決定出手買書，卻同時毫無頭緒自己該如何支付費用。不過，由於他讓自己陷入財務困難的窘況，也可以說這個情況是他讓自己處於毫無退路的高浪上。

在此事之前，傑森從 2012 年起，就開始舉辦一系列「大人物晚宴」（Mastermind dinner）。這個活動每個月都會舉辦一次，參與的嘉賓都是傑森從自己的人脈圈精選出來的企業家。

不過，這個晚宴跟傑杰花費八萬四千美元的風險有所不

同，這也迫使傑森改變下浪的姿態，以迎接更巨大的海浪。由於提摩西‧費里斯是位行程滿檔的高人氣演講者，而傑森憑著這位特殊來賓的身分，成功地說服其他演講者以無償演說來共襄盛舉，因此創下了只憑邀請函才能出席的成功活動：「大人物侃談」（Mastermind Talks）。

雖然參加這場活動的入場卷，要價九千美元以上，但出席這場活動的每位來賓，個個身價非凡。像是有些人是出過書的作家，有些則是成功創立跨多元產業的公司老闆，以及成立新型社會企業的新創者等等。《創業家》（Entrepreneur）雜誌的記者戲稱傑森舉辦的這場活動為「獨角 TED 演說」（One-man TED Talks）

另外一名巨浪衝浪手是創辦「錯配大會」的 AJ 里昂。他不僅在結婚日的前四天，辭去人人稱羨的投資銀行工作，甚至還放棄重大升遷的好機會。正如在他的網站文章〈獨特錯配的生活與時間〉（The Life and Times of a Remarkable Misfit）裡所描述的：

> 我曾經只是一名平凡的曼哈頓金融專家。雖然坐擁六位數年薪和高額分紅獎金，還擁有視野極佳、位於辦公室內轉角的獨立工作空間。但是，我鄙視這份工作，對工

作喪失熱情、提不起勁。理所當然，我也很討厭自己，總是用人生裡的時間來換取更多的金錢。

2007 年 12 月 31 日，這天我拋下六位數年薪、超級無敵獎金，以及曼哈頓某層商辦大樓裡轉角的辦公室。我這麼做，並非為了加薪、跳槽或改變環境，而是為了徹底地停止過著紙醉金迷的人生。辭職的那天，我領悟到兩件事。其一是人生並非只能做討厭的工作，還是有很多其他事情可以做；更重要的是，沒有被框架束縛的我，可以展現自我的機會反倒比比皆是。

你可能會說，他是一名領著年薪六位數的投資銀行家，當然可以不顧一切離職啦。實際上，AJ 里昂已經把投資銀行家的薪水全拿來規劃婚禮，即便他和太太瑪莉莎都知道辭職後的可用儲備金不多，他依舊承擔了這個風險。結婚的前 4 天離職，可見這個決定是 AJ 里昂對充滿未知的一道陡浪所許下的承諾。

婚後的 AJ 里昂和瑪莉莎臨時決定，將航空飛行哩程兌換一張飛往非洲的機票，他們決定去開發中國家教導孩童使用網路。當時，這對夫妻的銀行帳戶裡，只剩下約 134 美元，他們的推特追蹤人數也只有 94 人。在這趟旅程的前幾週裡，

他們睡過機場、透過網站設計的技能來打工換宿、靠免費洋芋片果腹等等。當你在閱讀這本書時，大約是 AJ 里昂辭掉工作的第九年了。如今，他和太太的冒險故事已經橫跨 55 個國家。同時他們還幫過許多公司和產品量身製作完美的網站，為許多非營利組織募得百萬美元的捐款。還有跟一群來自世界各地的出色藝術家團隊合作。

　　蘇菲亞・阿莫魯索（Sophia Amoruso）靠著一本教人如何在 eBay 開店的傻蛋系列（For Dummies）工具書，學會在線上零售復古衣服。早期蘇菲亞都到二手衣店、拍賣會和美國線上分類廣告網站 Craigslist 物色衣物，並邀請朋友當網拍模特兒。在蘇菲亞的創業高峰裡，她冒著無法帶走客戶資料和忠實顧客的風險離開了 eBay，轉而創辦自己的線上購物網站。為了打造和推出網站「壞女孩」（Nasty Gal），蘇菲亞可是費盡千辛萬苦才成功的。正如她所說的：「多年來我都在二手店挖寶，弄得指甲髒兮兮，時常被熨斗燙傷，在許多外套口袋裡還找到不少泛黃的舒潔面紙。」如今蘇菲亞所撰《正妹CEO》（#GIRLBOSS）榮登《紐約時報》暢銷書榜，加上網站「壞女孩」的線上營收，她的身價約有二百五十萬美元。蘇菲亞確實為巨浪衝浪手下了一個好註解。

　　傑森、AJ 里昂和蘇菲亞，他們全都因為承擔了風險，並

且致力從陡峭的巨浪往下衝，進而實現自己的雄心壯志。所以說，願意承擔風險和作出犧牲，跟我們的成就獎勵是成**正比**的。只要你願意挑戰越巨大的浪，所獲得的衝浪成就感越是非凡。

恐懼

在播客節目《獨特創意》裡，我常問聽眾，是什麼原因讓他們無法達成目標。往往他們的答案夾帶著不同程度的恐懼感：

- 害怕沒人閱讀自己寫的書。
- 害怕沒人買自己製作的產品。
- 害怕自己會一敗塗地。

這些聽眾全力以赴的準備下浪，卻在下浪時刻怯場。

下浪是恐懼的擴音器，而在大多數的情況下，人們會試圖逃避恐懼。如果我們是要衝巨大又移動快速的海浪，或是要大膽打造獨創自我之作，我們必須得學會，**擁抱恐懼被放大的時刻**。

你必須學會全力以赴地下浪，並將此養成習慣。然而學

習這套模式的唯一方式，就是**付出行動**。你所付出的行動越多，你越有可能掌握到每一道屬於自己的浪。如果你是從最後一定會失敗，且風險不高的小浪開始衝起，你會慢慢增強自己的耐力。例如：

- 寫下你一直害怕與世界分享的故事，然後在 Medium 之類的部落格平台發表。
- 錄下無需在意他人眼光的自拍影片，然後上傳到 YouTube 與朋友分享。
- 向伴侶、父母或好友等等親近的人，寫封敢於表達自己內心脆弱的書信。

一旦著手執行這些小事情，你會漸漸發展出一套全力以赴下浪的能力。

然而，大多數人內心相信恐懼會在某天自動消失，到時候就不用害怕下浪了。但是，在現實生活裡，情況卻是恰好相反。也就是說，**當我們先付出下浪行動，才會逐漸減少恐懼**。人生猶如衝浪般，我們害怕許下承諾的這份恐懼感，只有在做出承諾後才會逐漸消減。

恐懼從來不會在生活和工作中完全消失無蹤。即使我已

經衝了 7 年的浪，只要我連續好幾天沒有下水，心中仍然浮現會與恐懼搏鬥的情緒。我會因為畏縮下浪而猶豫不決，尤其在衝浪過程中總是顧慮過多。直到某天，在我旁邊等浪的人開口說：「要不要抽根煙……放鬆一下啊。」他的這番話讓我笑開懷。恐懼確實會讓人在下浪時容易怯場。「怯場」和「過度分析」都會讓人衝不到什麼浪。然而，每次也毫無例外的，在我追到浪的時候，恐懼會轉換成一種簡單的快樂。可以說，只有你去面對下浪時的恐懼，才能讓自己體會到一場快樂無比的衝浪歷程。這兩件事是密不可分的。所以，**別去管恐懼**，大膽放手衝浪吧。

| 第十三章 |

如何擁有大膽創新的時刻

電影製作人布萊德・蒙塔格（Brad Montague）從小就有搞東搞西的習慣，他形容自己「成為一位電影製作人是偶然發生的……感覺自己像是被邀請到大人餐桌上的小孩。」布萊德和太太在策劃為期 7 天教導孩子如何改變世界的營隊活動中，無意間觸發了自己的大膽創新時刻。他看到孩子們正學著開發應用程式、成立非營利組織，以及進行一些他在這年紀時不可能做到的事情。眼前這一幕深深激勵了他，並且內心掀起了一股熱血澎湃的思緒：

- 小孩應該要主導。
- 小孩應該要運作營隊。
- 小孩應該要當總統。事實上，我弟弟羅比應該當名總統。

布萊德不加思索地製作一個背景紙板，桌上放著一台錄音機，他用罐頭做成一支電話，然後在羅比身上，貼著寫了「總統」兩字的標籤紙。在《獨特創意》其中一集節目中，布萊德細說著：

自從羅比站在桌子後面那刻起,他就跳起舞來。太棒了。他完全不按牌理出牌。接下來,我開始問他對於某些事情的感受。這真的很好玩,我們笑個不停。即便我把這個過程剪接成一支影片,時間居然仍長達 1 小時。因此,我只好再分成兩支影片。我也意識到,有些我們一起嬉鬧的方式,是我會問他問題,他來回答,又或是我請他說些東西,他則用更誠懇活潑去表達自己。

布萊德和羅比之間的「開玩笑」,是促使《小孩總統》在全世界爆紅和達到百萬點閱率的動力因素。

我們每天可能都會出現創造獨創自我之作的念頭。這些時刻的發生,通常會在我們內心強烈感受到,這些純粹想做的事,目的只是為了**親眼見證成真的那一刻**。但是我們很快就把這些時刻視為愚蠢的。因為以過往的經驗看來,如果這些時刻不是邁向結果的手段,就是無法讓人看見其中的價值。然而,最大的突破往往是來自這些創造念頭。

當布萊德拍攝《小孩總統》時,他不可能知道這部影片最後會掀起一股風潮。不管如何,他仍拾起攝影機,在大膽創新的時刻裡按下「錄影鈕」。這個時刻改變的不只他的人生,也包括深受作品感動的觀眾們的生活。

在大膽創新的時刻裡，我們所承諾的是**創意的行動力**，並相信「不可能」就是「有可能」。任何**發自真心的創作終會取得成果**。這是一種鼓舞人心，使人精力充沛的創作力，會讓我們越想付出更多的努力。衝浪傳奇人物羅比特・柯凱（Rabbit Kekai）曾說過，「一旦熱衷於衝浪，你永遠不會離開；一旦感覺到趾間的沙粒，你永遠不會離開。」同樣道理，一旦迷上了大膽創新，你也永遠不會離開。

然而，大膽創新時刻的現實條件總是不完美，不可能每次事情都會安排妥當。無論你處於什麼情況裡，都要傾力拾起行動力。像是之前我所發表過的商業計劃（如：舉辦活動或執行複雜的媒體製作），就算當時什麼都不懂或毫無經驗，我也照樣起身執行。然而，每步向前的腳印都會帶領我走向下一步，使我能看見計劃或實現想法。

下浪的猶豫不決

在我衝浪的第三年，在下浪時偶爾會有猶豫不決的念頭。往往在划水後，看到可以起乘的浪來到自己面前，我卻速抽板，畏縮到不敢衝下去。雖然我明知道恐懼的另一端，

會是一道超凡的衝浪成就感，但卻不知為何，海浪看起來總讓人覺得巨大又嚇人，讓我不停想像掉進海裡墳墓的樣子。由於我之前衝過的浪已多達數千次，加上這些浪也並非狂大到不行（之前可是衝過更大的浪）。因此，我心中浮現的恐懼壓根沒有道理啊。

歷經連續幾個星期的怯場後，某天海上只有我和另個人在衝浪。我告訴他，我是多麼地不斷努力，但卻一直錯過一道道的海浪。他對我說：「你就是不要想太多衝下去，而且歪爆絕對不會如你想像中那樣糟糕啦。」接著，又到了下浪的時機，但腦海中的恐懼聲仍舊清晰又響亮。當時心想，這回我有可能會讓身旁等浪的這位仁兄失望看不起了。那時我完全處於驚慌失措的狀態，但如果我不勇於下浪，結果又會是大量泡在海裡的一週，幾乎沒衝到什麼浪。終於，我拼了命地划水，一次又一次地追浪。當然，歪爆好幾次是免不了。但是，那天的歪爆卻比追浪更為重要，因為我終於明白，歪爆沒有想像中那麼糟糕。而且，我也領悟到一件事，那就是下浪越多次，越有機會衝浪成功。自從那次以後，我再也沒有在海中怯場過了。

有時候，我們只需要一個勇氣的詞彙，來阻止下浪時的

猶豫不決，並且利用勇氣來幫助我們明白害怕「死亡」和「失敗」之間的差異。有可能你會害怕失敗、害怕歪爆，但是你不會因此死亡。所以趕緊去找那些等浪的朋友跟你說「衝了啦」。

然而，明天當你再度回到大海時，你依然會面臨下浪時刻的恐懼，而阻力的蜥蜴腦也依舊會跳出來。你必須要征服恐懼，讓自己的慌張冷卻下來，然後二話不說衝下去。只要做過一次，你就會發現自己會一遍又一遍地重複執行，直到下浪不再猶豫不決，並且讓這個習慣變成自己的特質為止。不管是衝浪或是實現獨創自我的過程，都可以讓自己對於變化無窮的大海或創造力的熱愛，轉換成一股不可動搖的付出與承諾。

獨特創意講堂

羅伯特・克森

羅伯特・克森是一名美國作家，他的知名代表作是 2004 年出版的暢銷書《深海探秘》。這本虛構小說講敍兩個美國人於紐澤西州外海 60 英里處，揭開一艘沉沒海底的二次世界大戰德國 U 型潛艦。克森一開始的職業是律師，畢業於哈佛大學法律系，從事著不動產法律事務。他的專業寫作生涯是從《芝加哥太陽報》（*Chicago Sun-Times*）發跡的，起初他擔任體育版的資料員，不久後成為正職專欄作家。他從《芝加哥太陽報》轉到《芝加哥》（*Chicago*）雜誌，接著又換到讓他榮獲「國家地理雜誌獎」（National Magazine Award）的《君子》（*Esquire*）雜誌工作，他在那裡擔任特約編輯多年。羅伯特的故事曾刊登在《滾石》（*Rolling Stone*）、《紐約時報》等等雜誌。他近期出版的新書《海盜獵人》（*Pirate Hunters*），故事是關於一位古老傳奇的海盜船長，以及兩位冒險的美國人，尋找遺失的黃金，並在公海陷入苦戰。

在世俗的認知裡，哈佛畢業的律師要找的，應該是一份高薪的

工作，而非從報社的資料員做起。不過，世俗認知無法實現獨創自我之道。羅伯特從來不是專業訓練出來的作家，他是靠自己土法煉鋼摸索出來的。童年時，他和故事大王的爸爸一起旅行無數次，這些旅遊經歷賦予了羅伯特獨特的講古 DNA，也因此激發他的好奇心去述說自己的故事，最終讓他找到一股獨創自我之聲。

在羅伯特早期的人生中，並無任何顯示他注定成功的跡象。他幾乎是班上吊車尾的學生，但是他從威斯康辛大學的一個校刊寫作機會中，看見了促使自己前進的潛在力量，所以他寫信給學校說：「我的家庭生活並非幸福美滿，使我沒辦法很專注於學校的課業上。但若是您能給我一個留校察看的機會，我相信我會跨過難關的。」

羅伯特順利獲得留校察看的機會，爾後還取得甲等成績，最後順利進入哈佛大學法律系。儘管從高中開始，羅伯特一路走來不易，但在他真正進入哈佛就讀時，卻感到十分失望。

他回憶道：「剛開學的 36 個小時內，我馬上意識到自己犯下可怕的錯誤。甚至在開課前就知道，這個地方不適合我，也意識到若自己想要在這裡獲得快樂，就得當個聽話、循規蹈矩的學生。即便知道了這些，我還是堅持留了下來，並且成為一名律師。然而，這才是真正災難的開始。」

人們對於「安全感」和「穩定」的渴望，足以讓人停滯在一個了無新意的情境裡。我們往往選擇待在痛苦環境，好去折磨自己內心的不滿足。這麼做的代價非常高，高到得犧牲快樂和自我表達能力。但這個代價也可能成為迫切改變的催化劑，正如同發生在羅伯特身上的經歷。

不幸就是「幸運假期」

「竭盡全力吃著泡麵和花生三明治，夢想可以買得起臘腸披薩，」羅伯特的職涯開端是從哈佛畢業的律師做起。但他發現到此刻的自己，比待在法學院時更加悲慘。

他問自己：「我該如何在接下來的 55 年裡，活在自己討厭的工作和感到內疚的人生中？」「就算我得到夢想的一切：一台 BMW 跑車、市值三千美元的單車、二千美元的音響。雖然我不是個酗酒或吸毒的人，但我一直努力買廢物來麻醉痛苦。但卻是一點用也沒有。」

當我們不快樂到超級絕望的時候，很諷刺的是，這一刻卻也把我們放置在巨大力量之處。因為當我們感到沒有什麼可以失去的時候，這個瞬間能形成一股強烈的行動力，讓我們開始走在通往實現

獨創自我的路上。

忘我和故事 DNA

羅伯特永遠離不開對「說故事」和「聽故事」的熱愛。羅伯特的爸爸是一家販售摩托車烤漆材料和潤滑油店的老闆。因為小時候的羅伯特和爸爸經常出遠門旅行，讓他擁有辨識好故事的敏銳觀察力，這個能力來自他經常自問的一個問題：「這故事會是我在芝加哥到密爾瓦基[8]的車程上，想聽到的內容嗎？」為了想盡辦法「打發無盡的夜晚，從星期一到星期二，最慘的是連星期日的夜晚也等著他挨過，」因此他開始執筆寫些和爸爸跑去東北伊利諾伊大學，觀看在地知名的籃球球員比賽，以及其他種種回憶的短篇故事。就在這一連串的寫作過程中，他感受到忘我的境界。

「就在我寫故事時，一件不可思議的事發生了。時間過得超快，我心想，『實在太難以置信自己只花了 25 分鐘寫完一篇故事。』此刻，我看了一下時鐘，事實上已經過了 3 小時了。不過，當我在做法律工作時，時間感可是完全相反，它龜速得不得了。」

---

8. 芝加哥到密爾瓦基（Milwaukee）車程約 90 分鐘。

雖然羅伯特並非寫作專業訓練出身，但這點卻是寫作發展過程中，造就他獨創自我之聲的重要優勢。「在我看來，那些靠寫作維生的人都受過訓練。他們認為一切都取決於『結構』。但是我卻說不出『這是文章開頭、中段、結尾，這邊要做轉折，後面要這麼安排，』之類的道理。我很快地發現，自己跟其他作家很不一樣，這就是優勢，因為我沒有一套固定不變的方式。」

在欠缺正式寫作訓練的背景下，可能會讓我們遠離嘗試及追逐創新，抑或是著手一件從未體驗過的事情。羅伯特・克森成為作家的故事告訴我們：「缺乏經驗也是一種優勢」。當我們缺乏經驗的同時，也賦予我們在觀點上不會先入為主。

定義「獨創自我」

「我在不久前看到一篇文章，分析替當代流行歌手寫歌的詞曲創作者。這些人都有一套寫流行歌的公式。只要走入飲料店時，我都會聽到這套公式，同樣的歌曲一遍又一遍重複播放。我認為這是最糟糕的方式。」當我向羅伯特問起「獨創自我」的定義時，他又這麼解釋：「如果你傾聽內心的聲音，你也會聽到別人在表達他們內心的聲音。而這些聲音不是來自同一套公式，也不是為了唱片大賣而設計的專輯。純粹只是這個人想要表達個人堅信的事物，這就

是獨創自我。」

　　羅伯特再接著說：「如果一個人跟自己內心取得真正的聯繫，並且表達出來，無論他們談論的是自己，或是在討論蓋高速公路的一般世俗之事，這都是獨創自我的表現。這麼做也許不會吸引到每個人的注意，但至少對於那些也有話要說的人，便會引起共鳴。這就是獨創自我。」

衝浪風格

信賴你的直覺，放棄磨平稜角

大家都認為，如果他們無法吸引每個人，他們就無法吸引任何人，因此人人都想磨平自身的小稜角。但事實上，永續事業是基於獨創性，以及開拓自己的世界。

每年 12 月，來自世界各地最棒的衝浪好手，都會聚在夏威夷歐胡島北岸的「盆栽通道」[9]比賽衝浪。這個海岸的筒狀巨浪，海浪急速強大，陡峭又駭人，比起其他浪點，歐胡島北岸的「盆栽通道」可是斷送掉不少衝浪手的生命。

如果你看過任何北岸的衝浪紀錄片，都會聽到衝浪手說：「如果你想出名，就該來這裡。」北岸是專門打造職業衝浪選手的地方，同時也是衝浪界的攝影師、衝浪經紀公司、雜誌，等等相關人士齊聚一堂之處，大家都很想從那排等浪選手中，找出最具天賦的衝浪手。由於這裡匯集眾多厲害衝浪手追逐驚人的巨浪，所以你最好能夠找出讓自己脫穎而出的方式。

想要成為極致一流的創意家、企業家和藝術家，都試圖征服他們產業內的「筒狀巨浪」。我們都很想抵達自己的「北岸」，在自己的人生中衝出最偉大的巨浪。但是，有太多人著手創作計劃了，所以我們最好找出讓自己嶄露頭角的方式。

現今的社會大眾對於「平庸」的容忍度幾乎是零。大家都想要大師親手創作的作品，公司只想雇用專家，其他產業的大師們也只想跟有潛力、學有專精的徒弟工作。如果我們

平庸，就算追到了浪，我們依然要很努力地停留在浪板上，才不會讓自己失去平衡。然而原本的一道好浪，始終可能是以歪爆作為收場。

在《山姆的鏡頭之外談》的訪談中，主持人山姆・瓊斯問了艾德・赫姆斯[10]在成名後對成功的看法。赫姆斯說：「人生充滿著『假地平線』，」這個回答讓我大吃一驚。似乎在前往極致專精的路途上，幾乎每個成功的外在標記，都稱得上是假的地平線。那些尚未成為大師的人，都以為自己總有一天會抵達「我終於做到了」的時刻。然而，相較於過往，要著手創作是輕而易舉之事，但你要做到專精卻是難上加難。大師都是活到老學到老，從來沒有停止學習。每回的衝浪經驗，都是衝浪手進階成為大師的機會。由於大海給予衝浪手的挑戰是永無止盡的，因此每次的發展和進步都是「假地平」。

穿上防寒衣、租塊衝浪板、走入大海，要讓人做到這些事情，可說是一點也不費吹灰之力。但是要讓人學會衝浪和

---

9. Banzai Pipeline；又號稱「筒狀巨浪」。
10. Ed Helms；飾演電影《醉後大丈夫》裡的牙醫，也是熱門影集《辦公室風雲》的班底演員。

發展出一套自我風格，那可得費盡心思和投入大量時間才行。我曾經在加州聖克萊門特（San Clemente）的一處浪點，遇上一位浪齡超過 40 年的衝浪者（這比大多數人的工作年資還長）。他跟我分享過去的衝浪時光，那段海上人煙稀少的日子，以及那時還沒有腳繩的衝浪情景等。這些浪人在訴說過往時，不僅鋒芒畢露，更是把等浪條件提高不少。然而，讓我很享受跟他們聊天的一點是，他們至今對衝浪依舊抱持**虛心求教**的心態。大海的力量和性情，孕育著謙卑和尊重，使得這些浪人更是全心全意致力於衝浪。

你永遠不能停止學習衝浪，就如同大師們永不停止地學習自身技藝。衝浪者對於大海的熱愛是從第一道浪開始，直到生命結束為止；大師們對於追求技藝的承諾，是打從第一件作品開始，直到生命尾聲才停止。只有透過這種專心致力的精神，才有機會學有專精。如果想要達到衝浪大師的境界，我們必須向那些大師前輩們，學習他們的行動力、習性和特質。

根據撰寫暢銷書《喚醒你心中的大師》（Mastery）和《權力世界的叢林法則》（The 48 Laws of Power）的作家羅伯・葛林提到：**「精通」是理性和直覺的綜合體**。大多數人

可以採取理性的方法發展技能，進而表現出熟練的一面。我們可以向前輩見習，可以投入必要練習的時間。但是，只做這些事情，並不能讓我們展現獨創自我。舉例來說，在YouTube 裡出現的高難度小提琴協奏曲表演影片，是因為這些小提琴手投入大量時間練習，所以必能熟能生巧。不過，卓越大師之所以脫穎而出，在於他們擁有最高表演水準能力的同時，**還能**淋漓盡致地詮釋獨創自我之道的音樂作品。**直覺**就是個人的風格和指紋，雖然人與人之間的差異微小，卻也是造就獨創自我的重要特質。

獨創自我的精通技藝，並非複製或模仿表演的能力，而是把吸收所學之事物，轉換成為個人的創作。比方說，能夠精通電玩遊戲《吉他英雄》（Guitar Hero）的小孩，並非是獨創自我的。反而利用同樣的精通能力，去表演自創歌曲的，才是真正的獨創自我。

唯有融合最高表演水準、理性、風格和直覺之下，才能真正展現「精通」。如果我們的行事動機純粹來自外在因素時，我們是無法達到登峰造極的境界。但是往往在體會不到外在回饋時，我們便看不見自己努力的價值。不過，當行事動機還包含內在因素時，這項作為則相對提供我們巨大的價

值和個人成就感。有了內在因素的加持，我們才會為了學有專精而致力投入時間、精力和努力。如此一來，工作不再被視為一種雜事，而是大展身手的機會。如同史蒂芬・科特勒（Steven Kotler）所撰寫《超人的崛起》（*The Rise of Superman*）中提到：「沒有人需要把衝浪手從床上挖起來去衝巨高浪管（讓衝浪者彷彿處在由海水構成的管子巨浪）；沒有人需要在鬆雪時慫恿他人帶滑雪板出門滑雪。從事這些活動是發自內心動機，這種自發性讓人體驗到前所未有的喜悅。」

內在動機的另一個好處是讓我們的表現快速成長，並為我們鋪好一條實現獨創自我的康莊大道。

- 作家將文字雕塑成詩情畫意的句子，令我們情不自禁地感動。
- 音樂家用樂器挑戰演奏技能的極限。
- 運動員從平凡走向非凡；籃球選手的投籃技術無一不進球；棒球選手擊出全壘打；衝浪手衝出可預想的巨浪。

工作品質和**技術水準**是透過內心動機而產生巨大進步。

不過，工作品質的大大提昇，從來不是單一時刻、單一

創作、單一行動、單一追浪等等之決定下的副產品。對藝術家來說,每件創作都是系列作品的其中一件。一篇部落格文章、一首音樂曲子或一本書,並不能定義一名創業家、音樂人或作家;反而,創作是在累積「產量」和「經驗」,並在最終決定你精通的水準,以及實現獨創自我的程度。

| 第十四章 |

刻意演練

2009 年的夏天，在我取得工商管理碩士學位後，除了待業外，我還完全沉迷於衝浪。因此，從未衝過浪的我，居然異常的花了大量時間泡在海裡。從 6 月到 9 月，我每天下水將近 6 個小時。正因為衝浪是個免費的運動，又很好消耗時間。所以，對於待業中的人來說，衝浪根本就是完美的消遣活動。

那段幾近瘋狂、泡在海裡的大量時間，讓當下尚未察覺的我，實質進行了一趟自我探索之旅。這也強迫我檢視了自己的人生，還有竭盡所能確保自己不會再度從事毫無成就感的工作。

然而在 6 個月的期間裡，出現了一個關鍵時刻，讓我在「延續平庸的危機」和「追求獨創自我」之間做出區別。2009 年 10 月底，我終於找到一份工作。再過 7 天便要正式上班了，我卻感受到一股熟悉感正在回溫，那是一種厭倦的生活型態、肚子感覺到疼痛、我的午休與 6 個小時的衝浪時

間，整整被縮短成 1 小時。我甚至在回想最初面試時，其中一位面試官早早警告我：「你的衝浪日子即將結束了。」

就在上班第二週的星期四，約莫下午 2 點，我關掉筆記型電腦，頭也不回地走出辦公室大門。隔天早上，我已經到海灘報到了。

即使我在 2010 年 1 月找到另份工作，我也堅決每天在早上 6 點到 8 點去衝浪，週末則從早上 8 點衝浪到下午 2 點。結果是，在這段衝浪與工作併行的期間裡，我的進步與成效比起之前做過的其他工作高出許多。當我在 2011 年放棄最後一份正式工作後，為了哥斯大黎加的溫暖海水和好浪勝地的名聲，我暫時搬到當地 6 個月。在那裡，我每天早晚衝浪各 3 個小時。

當時的我沒意識到，原來我正藉由「刻意演練」來學習衝浪。「刻意演練」會令人上癮，由於你明白自己正在人生中逐步達成獨創自我的歷程，雖然會使你感到疲憊，卻也讓你由衷的漾起微笑。

在 2005 年上映的電影《卡特教練》（*Coach Carter*），由山繆‧傑克遜（Samuel L. Jackson）主演的肯‧卡特（Ken

Carter），他在真實世界裡是加州瑞奇蒙高中籃球校隊的教練。在電影中，當卡特抵達學校時，他說：「除非你們已經達到我能教導的程度，不然我無法教你們打籃球。」他為球隊設計一套嚴謹又殘酷的魔鬼訓練表，那正是「刻意演練」的最佳案例。這份針對大量球員的訓練，通常不涉及實際上場打球，反而是透過一連串的劇烈鍛鍊來達到效果。

卡特指派給球隊的第一堂課，是進行 1 小時 7 分鐘的「自殺式訓練」。根據「好教練籃球訓練」網站（Betterbasketball-coaching.com）的說明，此訓練是「模擬真正籃球比賽的折返跑作為體能訓練，是為了上場衝刺而加強無氧動力的不錯操演。」對球員們來說，每次折返衝刺所花的時間，都比上一次還要久。卡特激勵球員努力超越自己的生理極限。在每次的訓練中，他要求每位球隊成員做好幾百下的伏立挺身。當球隊的罰球率只有百分之五十六時，他要求每位球員不斷練習投球，直到他們投進 50 顆罰球為止。

然而，在這種常規式的魔鬼訓練下，成果究竟如何呢？答案是在 1 年內，球隊從屢戰屢敗的比賽紀錄，搖身成不敗之王的黃金球隊。透過「刻意演練」，我們能在短時間內看見巨大進步的成果。這就是「刻意演練」的力量。

　　德國視覺藝術家馬斯・多里安透過刻意演練、習慣和儀式來讓自己創作精益求精。多里安利用社群網站 Pinterest 上彙集世界各地藝術家的插畫、動畫和創意攝影作品，參考他們琳琅滿目的圖像和藝術作品。「這有助蒐集靈感和打開創作的思維，」馬斯解釋。「接下來，我把可以進行數位繪圖的 Wacom Tntuos4 數位繪圖板連接上電腦。因為白天工作室比較吵鬧，所以我只在夜晚進行繪圖設計。再加上，晚上我的腦袋也比較不靈活，這表示自己比較不會有意識性的思考行動，這點剛好讓我有更多不受限的創意心流空間。在進行繪製草圖作為暖身後，我才一邊聽著沒有歌詞的電音，一邊投入真正的設計創作。我需要音樂來幫助創作，因為音樂讓我的精神陷入一種有助創作的恍惚狀態。接著，我會一直畫到累到提不起筆來，或是太陽已經敲窗了為止。然後，翌日再次重複整個流程。」

　　猶如卡特的籃球隊，馬斯的演練不僅在繪畫上，他還從其他藝術家的作品裡汲取靈感，在宛如暖身的草圖繪製後，才漸漸進入真正的繪圖和設計狀態。當我問他每天畫圖 3 小時的習慣維持了多久，他說已經超過 20 年了。如果仔細看馬斯・多里安的故事，你會發現到一個幾乎發生在各領域大師們身上的模式，那就是**日常刻意演練**的儀式。這完全造就了

馬斯的創作，只要這個儀式持續下去，馬斯更能致力達到極致之作。

諸如馬斯這類的大師，是不會去質疑自己的藝術創作的價值的。

紀錄片《壽司之神》（*Jiro Dreams of Sushi*）是電影製片人大衛・賈伯（David Gelb）在 2011 年推出的代表作品。其內容講述日本廚師小野二郎的傳奇故事。在電影的開場白裡，小野二郎道出：「**你必須窮盡一生磨練技巧。**」他很認真地致力於廚藝研究，直到身心狀態無法再負荷這份工作後，才動了打算退休的念頭。「追求極致」是小野二郎的工作態度，在他的店裡更是不提供清酒小菜，只賣壽司。

「努力」和「重複」在小野二郎製作壽司時發揮重要功效。他每天重複做著同樣的事情和儀式。他每天從同樣的地鐵候車區上車。每次製作的壽司，他都抱持著要比上一次更好吃的心態去執行。日本美食評論家山本益博（Masuhiro Yamamoto）形容小野二郎具備了偉大廚師的特質：

● 認真對待工作。

● 提高自身技藝。

● 愛乾淨。

● 求好心切。

● 懷抱熱情。

小野二郎的廚師職涯已長達好幾十年。他對壽司有著無窮的熱情（他確實擁有製作壽司的夢想）。每一塊生魚片如同一道浪，而花在廚房裡的每一刻，如同待在海裡的時間。

小野二郎以最高標準的要求，讓許多學徒撐不到 1 天就放棄。如同籃球教練卡特和藝術家馬斯一樣，小野二郎超越了壽司的製作和餐飲業的服務。他一絲不苟和堅守承諾的態度，已經滲透到人生與工作裡的各種面向。就算你的熱情無法達到小野二郎的極致程度，你同樣也可以（應該）在工作崗位上，用最高標準要求自己。

當我們致力追求極致，並且積極投入刻意演練，這種情況如同美國評論家兼作家傑夫‧柯文（Geoff Colvin）所說的，我們正在參與一種**超越現有能力**的行動。如果這項行動是在舒適圈裡發生，我們並不會經歷成長，反而還會因此感到無聊。通常像這類情形只會發生在做著重複單調、毫無挑戰性工作的人身上。或許你也有過這種經驗，就是在行動難度過高、令人感到很煩惱的時刻。而介於「重複」和「難度」之間，便是獨創自我或忘我境界的最佳狀態。

在忘我的最佳狀態裡，我們能提高自覺性和工作的興趣。我們會想要迎接挑戰，並視挑戰為進步的機會而非障礙。隨著技能提昇，自身能力的限度也會持續擴大。因此，我們刻意演練的方式也必須不斷更新升級。對我們來說要指出這些練習，能讓我們去挑戰又不感挫敗，即使絕非不可能，但也總有相當難度。

傑夫・史賓塞博士（Jeff Spencer）長期跟奧運金牌得主、冠軍運動員、各領域的世界頂尖人物合作。傑夫採用「進化步調」（evolutionary pacing）來形容超越現有能力程度的演練。我們必須根據現有能力來調整自己，並逐步地為下次表現更進步來做好準備。如果我們試圖凌駕步調，將會無法達到技術水準。如果在技術發展過程中培養出壞習慣，我們的根基將會不完善，接下來的潛能發展也會受限。當我問傑夫那些金牌得主的刻意演練，他列出了以下幾個關鍵因素：

- 特殊體育培訓。
- 敏捷度。
- 恢復度。
- 營養均衡。
- 睡眠充足。

● 消遣和健康團契。

● 活動以外的休閒時間。

請注意，「特殊體育培訓」只是「刻意演練」的要素之一。行動的準備與行動本身一樣重要。換句話說，刻意演練不只限於我們對於任何技藝的掌握練習而已。縱使以上列舉慣例是特定運動項目，但我們也可以把它當成一種模式，應用於任何想要努力或追求極致的事物裡。

也許你離登峰造極還有很長的一段路。但此刻的你有兩種選擇：一是確定自己注定不是成為大師的料；又或是放手並致力於追求極致之作。所以說，我們要如何持續邁向登峰造極的方向前進呢？就讓朋友來助你一臂之力吧。

| 第十五章 |

指導教練和回饋意見

我在上瑜珈課時發現，柔軟度不佳的學員總是無法完成所有姿勢。顯然地，若是做不到瑜珈動作，老師會走過來給你一塊瑜珈磚作為輔具。然而，有些時候，你是可以直接開口跟老師要瑜珈磚的。這讓我體會到一個深刻的洞察，那就是，自己可能會有需要尋求幫助的時候。

任何帶有重大意義的事物，免除不了需要借助他人的幫助才得以實現。教練、導師或合作夥伴，他們都是我們在通往登峰造極的路途上，扮演著不可或缺的貴人角色。在某些情況下，貴人來自私下情誼，比方說那些對我們特別關懷的老師或上司老闆等等人物。而在其他情況下，我們則得刻意去尋找貴人。猶如《終極生命遊戲》（*Ultimate Game of cife*）的創辦人吉姆・邦區（Jim Bunch）曾在播客節目《獨特創意》裡說過，「導師都具有識人的能力，他們總是能夠挖掘每個人的潛質，引導這些人走到全新方向。」我們往往都過於親近自己的作品，很難看見自己的「潛質」，因此也不容易去評估自己的未來發展。對的教練或導師可以教導我們如

何建立有效的基礎，打造日常生活習慣，以及一點一滴慢慢地轉變我們的思維。因此，教練或導師可以大大加快我們通往實現獨創自我的腳步。

在考慮導師人選時，可以想想下列三個問題：

● 這個人是否達到你正在追求的目標？
● 這個人是否幫助過其他人達到你正在追求的目標？
● 這個人在你現階段發展中，是否能成為正確導師的人選？

有很長一段時間，我很排斥請求他人指點自己如何增進播客聽眾人數和節目收入。畢竟，很多時候我大可透過自己的節目，接觸到時下的頂尖人物，並藉機向他們請益。不過，在某個時間點下，我突然意識到，雖然這些優秀人士能夠在節目中分享他們的見解和動機，但我仍想好好坐下與他們討論一些更具體的問題，希望從中獲得針對我個人的建議。為此，我跑去找一位之前訪問過的來賓，這個人就是葛瑞‧哈特。我是在 2011 年、他創立「10 美元和一台筆記型電腦」（Ten Dollars and a Laptop）計畫時認識他的。這項計畫的設定很簡單：走遍 55 州、跟 500 位人士一對一工作，然後創業。而他手中只有兩個資源可用：一台筆記型電腦和 10 美元。而我剛好是幸運的 500 人之一。

葛瑞一開始請我在他共同持有公司裡擔任行銷總監。有鑑於我先前每份工作都是被炒魷魚收場，於是我先拒絕了他。另方面，我認為只帶一台筆電和 10 美元，就能走遍 55 州，這位人士應該是個聰明人物。我開玩笑稱他為「網路傑克・鮑爾」[11]。後來，我告訴他，只要他能擔任我創業時期的導師，我就同意接受他的條件。然而，就在葛瑞的指導下，比起自己慢慢摸索了 2 年，我的事業在短短半年內便迅速發展了起來。

- 他指導我如何把播客節目，作為真正的商業運作（包括使用企業帳戶和損益表）。
- 他指導我檢視「指標」、「目標」和每週實現這些「目標進度」的重要性。
- 葛瑞有發展品牌識別度的遠見；他就是幫忙發想《獨特創意》節目名稱的幕後推手。
- 在他的指導下，我們共同策劃和執行一場門票銷售一空的「發起體驗」大會。

有些人對我們的人生產生深刻影響，甚至完全改變了自身生命的演進。這些人的出現，偶爾會在我們回顧自己的人

---

11. 影集《24 小時反恐任務》的主角。

生時才會恍然大悟。為了要在通往極致之路上，我們可得隨時睜大眼睛，注意並把握這類的貴人的出現。

作為一位年輕有抱負的作家丹妮・夏彼洛（Dani Shapiro），她在就讀紐約莎拉・勞倫斯學院（Sarah Lawrence College）裡，認識了美國短篇小說作家葛瑞絲・佩莉（Grace Paley）。夏彼洛在自己的部落格中提到：

> 我記得在莎拉・勞倫斯學院唸大一時，第一次被叫到葛瑞絲辦公室的情景。當時我不用正式坐在葛瑞絲旁的椅子上。所有的一切，最後呈現出友善和踏實謙遜的狀態，而且葛瑞絲散發著母性之愛。身為學生的我，可以屈膝坐在她的腿邊，或隨性拿顆抱枕坐在辦公室的地板上，她讓人感到安全感。跟她相處是為了學習。我記得她告訴過我的事情。她說我是一名作家。她告訴我應該要繼續留在這所學校裡攻讀碩士，然而在這件事上，她也助了我一臂之力。

丹妮・夏彼洛仰賴寫作維生約有 20 多年，出版過三本自傳和五本小說，其他作品也曾刊登在《紐約客》（The New Yorker）雜誌。她也曾上過《歐普拉的超級靈魂星期天》（Oprah's Super Soul Sunday）節目。也許夏彼洛在沒有導師指

引下一樣也能成功。但有一點很清楚的是，葛瑞絲·佩莉的確深深影響她的人生。夏彼洛在近期新書《仍在寫作中》（*Still Writing*）的獻辭上便一併提到：「緬懷葛瑞絲·佩莉」。

銀行大盜指導暢銷作家

有些時候，我們會在意想不到的情況下找到人生導師。作者派波兒·克爾曼（Piper Kerman）以自身經歷所撰寫的《勁爆女子監獄》（*Orange Is the New Black*）著作，在改編成 Netflix 原創影集後還榮獲艾美獎。很難想像具有高知名度的克爾曼曾坐過牢。克爾曼是名碩士生，擁有自己的職業、男友和幸福家庭。但因為她以前做過輸送金錢和販過毒，10 年後則因過去的犯罪事蹟遭到逮捕，最後進入監獄蹲了 15 個月的牢。

就在克爾曼的服刑期間，她遇上了人生導師喬·羅亞（Joe Loya）。羅亞曾經也是《獨特創意》的來賓，過去曾搶過 30 家銀行。當時的羅亞把自己撰寫《在牢房裡長大的人：銀行大盜的告解》（*The Man Who Outgrew His Prison Cell: Confessions of a Bank Robber*）送給派波兒，接著他們開始互相

聯絡。因羅亞有過吃牢飯的經驗，他非常能夠理解派波兒正經歷的過程。他在《獨特創意》的訪談中提到：「我告訴派波兒，『聽好，妳的所有朋友都愛妳，也都比我更瞭解妳，但沒有人可以像我一樣，能夠明白妳正在經歷的一切。』她會問我一些事情，告訴我一些想法，而我也會鼓勵她可以向陌生人打開心房，這是我們建立友誼的方式。我告訴她，『寫一本書。每天晚上妳要寫下一些東西。寫一些妳聽到好玩的事情，以及一些傷心或黑暗的事情。』」

有鑑於此，我們的人生導師不一定是筆挺西裝、坐在視野極佳的辦公室裡工作的人物。

| 第十六章 |

風格：真實的自己

剛開始衝浪的新手，往往被建議使用軟式衝浪長板，目的是避免受傷。這種衝浪板的既有設計，必須提供穩定性、具有浮力，以便讓人輕易站立板上衝浪。但是，長板同時也缺乏彈性和機動性。所以，一旦衝浪者從軟式衝浪長板「晉升」到真正衝浪板時，可以讓人發揮技巧、轉身，以及做出一些細膩風格的衝浪動作。當我們開始接觸到真正的衝浪板後，**衝浪會變成一種自我創作，海浪成為一塊畫布，衝浪則成為一種獨創自我之道。**

選浪、下浪、站立浪板的過程，這些都是衝浪者不假思索的動作。因為衝浪者花了很多時間待在海裡，經歷過無數次的嘗試與失敗，所以他不需用力思考怎麼衝浪。因為衝浪者所累積的一連串知識與經驗，促使他可以信任自己的直覺，讓自己發揮衝浪風格。同樣道理，在你致力創作（衝浪）時，也可以發揮獨創自我的風格。

在某個階段來說，當衝浪者的風格變成獨創一格時，我

們可從岸邊遠遠一望，便能輕易辨識出這個人的獨特姿態。我也注意到身邊衝浪的朋友所發展出的個人風格，讓我能從大海中那一排身穿防寒衣等浪的人群裡，觀察他們衝浪的特色而輕易認出哪幾位是我的朋友。他們衝浪的風格和才能，就是讓他們獨創一格的元素。

身為創意者在超越理性時，正是我們晉升到「真正浪板」的境界，並且開始依賴起「自身直覺」。我們得仰賴一連串的「研究」和「知識」，但卻不能光靠依賴。我們要從制式化且重複過程的能力開始，晉升到在內心深處注入熱情的創作力。**任何創作形式的風格，會在我們放棄世俗認同觀點時出現，並讓我們開始學會擁抱心中相信的事實**。我們的創作必須回答一些深度問題：什麼讓我們感到完全存在？什麼是我們想要知道的？我們想要如何被記住？在這個時候，我們的基本習慣，我們的導師和教練，便猶如「輔助輪」的功能一樣。而現在，則是讓自己衝出一道忠於自我之浪的時刻了。

即使我們目前是在進階班階段進行演練，但要去發現個人風格，需要自相矛盾地**讓自己有多一點童真，單純和好奇**。如同作家艾瑞克・沃爾所說，我們必須返回「好奇心掌

控感知」和「樂觀指使行動」之境。我們必須從「我知道會發生什麼事」轉換成「如果……的話，會發生什麼事？」我們必須擁抱神祕感。要做到這一點，需要我們**信任直覺多於理智**。但光是信任直覺，並不能簡化成通往獨創自我風格的五道步法，因為這一切都是因人而異的。

當發展自我風格時，我們必須**學著去「實驗」**。如同一位大廚，歷經多年掌廚經驗後，將新食材放進原有食譜中去改變料理的口味。我們必須要在創作中，一直嘗試放入新食材。例如：把韓國烤肉放進塔可餅裡，這是前所未有的料理，但正是「韓式烤肉塔可」（Kogi BBQ）快餐車創辦人在洛杉磯發跡的起點。當他們用推特通知消費者即將前往的販售地點時，至少要花上 1 小時排隊，才買得到食物。我是因為之前聘請他們做外燴，才有口福吃到這一口難求的塔可餅。

當我想要在「獨特創意」網站混合兩種不同藝術風格時，起初我的導師葛瑞對此抱持質疑的態度，因為他並不確定結合兩種藝術風格能在網站中發揮效用。我如果沒在這幾年的工作裡，接觸過各式各樣的創意者和藝術家，我也不會想到結合「直覺」和「理性」。我只覺得這麼做可以讓網站獨創一格。

當我們願意去挑戰世俗認知時，就會產生重大突破。到底要如何改變工作的小因素，才可能因此打造一套別出心裁的風格呢？舉例來說：

- 如果你是攝影師，去發揮另類創意的打光技巧。
- 如果你是部落客，去探索創作內容的脆弱邊緣，去說出長久以來不敢講出口的話。讓散文變成詩歌。
- 如果你是藝術家，去大膽嘗試從未使用過的顏色或媒材。
- 如果你是電影製作人，去添加一場腳本以外的場景。

隨著我們不斷進行的小挑戰，直覺會變得更加敏銳，直到我們完全信任它為止。因此，創作本身就會獨創一格，完全不需署名證明。

我在播客節目《獨特創意》進行的訪問，大多數是在沒有腳本下，只準備幾道我認為必問的題目便開始錄製。如同衝浪者不經思索，就能選擇一道浪起乘衝浪般，而我也不用刻意去思考如何進行訪談。我把訪談對話引導到我認為會對聽眾產生影響的方向。對於跟不熟悉的人交談，引導談話方向的能力是出於直覺，這也是之前進行過幾百次訪談所累積出來的能力。

檢視工作和尋求回饋意見

雖然反覆練習能夠增加你的直覺力，但你也必須要「消化」和「檢視」自己的工作內容。比方說，因為我們節目的工作人員很少，使得我們得親自檢視工作內容。至今，我仍然要親自剪接編輯每次的訪問內容，所以最後播出的內容，我基本上都聽過三遍：第一次是實際訪問，第二次是剪接編輯，第三次則是內容發表。我會把沒問到的問題寫下來，並且深入檢討。同時，我也會認真思考聽眾們的回饋意見。

當我正在寫這本書的時候，一位聽眾捎來一封電子郵件。他說他很喜歡聽我的節目，只是採訪中有些填充語，像是「讓我問一下……」聽起來真的還挺煩的。一開始，我對於這項指正翻了個白眼，但是當我回頭把節目重聽一遍後，他說得真的沒錯啊。每次在我聽到「讓我問一下」這句話時，我是眉頭深鎖的。而且，在整集節目中，我真的說了太多次了。所以，我回信給這位聽眾，除了向他致謝外，也表示會加以改善。現在的我，盡量克制自己不要忍不住又說出這句填充詞。

● 如果你是作家，回頭閱讀一遍寫過的文字，也許你會想要全部重寫一遍。

- 如果你是歌手，錄下自己的創作歌曲，並好好仔細聆聽。
- 如果你自行創業，回頭看看之前設計的產品（應用程式、服裝等），然後記下往後需要修正進步之處。

回頭檢視作品的附加好處之一，就是在未來改善的同時，你也能順便獲得創新的想法，讓自己能夠重複利用。

實踐風格

發展自我風格意味著，你的作品不見得會受到每個人的喜愛。但通常大家都希望自己能廣受人愛，因此我們才會去避免極端的觀點。我們因為害怕被批判、被譴責、被嘲笑，以致讓這些恐懼使我們無法坦誠地活在世上。其實，**我們應該且必須願意接受犯錯，也必須要同意那個平時不承認的自己。**當我們是坦誠、赤裸、保持開放心胸時，我們會與外界連結，我們會與人接觸，我們會向世界發出信號，連結到正確的人。

當霍華·史登（Howard Stern）開始主持他的廣播生涯時，他激怒了不少人。在紀錄片《紐約鳥王》（*Private Parts*）的其中一個場景裡，講述著導播正在跟市調人員討論史登的

評價。一般喜歡他的聽眾會聽他的廣播節目長達 1 個小時。至於那些討厭他的人呢？居然是 2 個小時。這兩組天差地別的觀眾群都說出，他們想聽看看接下來的廣播節目裡，史登會說什麼。2014 年，樂評人鮑伯‧勒夫塞茨（Bob Lefsetz）寫到史登的成功：

> 大家都認為，如果他們無法吸引每個人，他們就無法吸引任何人，因此人人都想磨平自己的稜角。但是事實上，永續事業是基於獨創性，以及開拓自己的世界……。貝姬 G（Becky G）與路克博士（Dr. Luck）合作後，因為她失去了個人特色，最後貝姬的音樂聽起來跟其他人差不多。迎合大眾口味造就今日時常耳聞的音樂型態，每個人的作品聽起來都很相似，除了那些天分不足的人以外。人人害怕做自己，害怕沒有廣播節目肯播放自己的音樂，害怕沒有媒體願意幫忙宣傳。除非有個人有心在曠野裡嬉戲，直到受人注目為止，不然永遠無法成為傳奇。

然而，在創作中將最真我的特質磨掉，結果也許會讓人變得和藹可親，甚至成為一個討喜的人，但是這不是養成獨創自我的食譜。事實上，「自然真我」才是獨創自我元素的

依據所在。

迷思：如果你無法吸引每個人，你不會吸引任何人。

真相：如果你試圖吸引每個人，你無法吸引任何人。

在史登早期的職涯裡，他總是打安全牌，按照常規行事，避免表現得太前衛。不過，直到他擁抱了最原始的真我面貌後，才開始真正與觀眾建立關係。

艾雪莉・安柏屈（Ashley Ambirge）體現了「風格」的意義。在眾多撰寫對話、明確使命宣言和其他企業廢話的文案之中，艾雪莉的公司「勇氣屋」（House of Moxie）和部落格「中指計劃」（The Middle Finger Project），其文案相對充滿了「對企業家的不敬想法、大膽建議和創新點子。」當我問她關於內在聲音時，她提到在自己腦海中一直停留著某個想法：很想要用鐵撬「往人臉敲下去。」這番話感覺像是在監獄裡才會聽到。不過，對艾雪莉・安柏屈而言，把每個字當作鐵撬往人臉敲下去，就是讓她文章醒目的因素。她在部落格文章中寫道：

> 如果你想要嶄露頭角，讓大家感到耳目一新、有趣的話……那你得要採用「突出新奇」和「耐人尋味」的語

言，才能夠被大眾注意到。

這算是人人皆知的道理，不過當然說的比做的容易。人們很自然而然地會先使用第一個聯想到的字眼，但通常這些字眼是別人最後才會注意到的詞彙。所以說，這就是為什麼文案企劃如此重要的原因。任何矯情、過度使用、陳詞濫調的用詞都要刪掉。這些用詞如同一杯爛咖啡。而「憑什麼我還要再喝這杯爛咖啡？」

1. Guru（指導者）

2. Manifesto（宣言）

3. Solutions（解決方案）

4. Empowerment（充權）

5. Juicy（津津有味）

6. Rock (out) (on) (your world) (etc.)（讓你的世界亮起來）

7. Fempreneur（女企業家，J 這個字是給你的）

8. Thrive 網路（欣欣向榮）

9. Alchemist（煉金術師）

10. Luminary（傑出人物之意，當真嗎？）

11. Epic（好到可納入經典之意）

12. Shiny（閃亮）

13. Sexy（性感）

14. e-Book（電子書）

15. Kick ass（拍馬屁）

16. Domination（統治）

17. Insanely＿＿＿（瘋狂的＿＿＿）

18. Ridiculously＿＿＿（可笑的＿＿＿）

19. Killer（殺手）

20. Rocket science（意指「很難弄懂的東西」）

21. Laser-foused（意指「專注」）

22. Freakin'（不爽或開心的加重語氣）

23. Bucket List（死前心願清單）

24. Remearkble（值得紀念的）

25. Newletter（電子報）

拜託。如果執意使用以上文字，最好還是棄用「電子報」一詞。這是一個懇求，一份請願，甚至是一份祈禱。沒有人心中是超渴望訂閱任何「電子報」。我並不是說不要發送（一份超級精心設計＋超有益處的電子報）——我想說的是，這終究是個沒有結果的語言。然而語言卻代表著一切。

這些帶著軟弱、好文筆、優雅，以及不敬等等的用詞遣字，賦予艾雪莉一個挑釁又獨創自我之道的風格和聲音。在

你閱讀過後，也許會很自然地想要簡單模仿這種展現軟弱和混合髒話的用語，藉此來突破艾雪莉製造喧囂的方式。但實際上，我們該從艾雪莉的創作中學習的是**大膽做自己**。

任何不懷好意的挑釁（例如：發布裸照、錄製性愛影片或無意識褻瀆）是無法讓我們的風格脫穎而出。我們必須要學會有「**目的性的挑釁**」。另方面來說，長期讓自己欣然接受事物，的確也不會讓我們實現獨創自我。在我身為播客主持人、部落客、創業家和多媒體製作人的這幾年間，有人說過我是敗類，同時也有人說我是獻給世界的一份禮物。不管如何，我都必須適應這兩種聲音，才能夠造就獨創自我。

| 第十七章 |

一盒蠟筆和大膽創新

如果你把蠟筆交給任何一位大人，叫他們隨便畫個東西或「畫出一把剪刀」之類的，這些大人絕對會花上 1 個小時的時間，試圖描繪細節，又或是因畫不出來而感到懊惱。然而，如果你把一張白紙和一支筆，交給任何一位小孩，告訴他們隨便畫，然後離開房間 1 個小時，這張紙很快地就會不夠他們使用。孩子們還會畫出超乎大人想像的東西，並且告訴你圖畫中的故事。有行動力的小孩會溢出創造力，他們時時刻刻都投入於手邊正在進行的事物裡。只要有機會玩耍和創造，他們都會很開心。對於獨創自我之作，這種樂觀主義是不可或缺的。

我認為有些事情會隨著年紀增長，而漸漸扼殺自身的創造力。因為我們會慢慢地變得超級自我敏感，並開始反問自己「這麼做很遜嗎？」，也會逐漸地去歸類自己是否具有創造性、是否夠聰明等等。成年人的精神之旅有很大部分是要揭開一層層的回憶，返回童年的自己。

當你處於「大膽創新」時刻，可能會想出一些不切實際又天馬行空點子。但如果你能夠相信自己超乎自身所能，也就誠如作者史蒂芬・普雷斯菲爾德所稱之的「量子湯」（quantum soup），也是「屬靈人」（spiritual people）提及的「宇宙」。不知何故，世界便開始與你共振，並且讓你貫徹心中想法。世上那些最偉大的藝術作品，生活中不可或缺的品牌與產品，還有十分標新立異的行動等等，全部都是在大膽創新時刻裡實現的。

當你用力挑戰極限、跨越自我的框架，那是令人振奮的。可以說，你已經設法用自己的方式造就獨創自我。

不過，當人處於「大膽創新」時刻，也可能會感到畏縮，因為會擔心……

● 如果被人嘲笑怎麼辦？

● 如果沒人在意怎麼辦？

● 如果被人忽視怎麼辦？

● 如果失敗、賠錢、浪費時間和失去尊嚴怎麼辦？

在我過去的「大膽創新」時刻裡，也曾問過自己上述所有問題。確實，我曾經被人嘲笑過，也被人忽視過，也白費

過時間、金錢和失去過尊嚴。

然而，讓我們換個角度看看「大膽創新」時刻的另一面向。比方：

● 如果成功的話，會怎樣？

● 如果超越自我期許，會怎樣？

● 如果以超乎想像的方式拓展和成長的話，會怎樣？

以上情況確實發生在艾瑞卡・萊芮瑪克（Erika Lyremark）身上。艾瑞卡過去曾當過 9 年的脫衣舞孃。2001 年，她離開了脫衣舞孃行業，並在 1 年後和父親成功開了一家商業房地產公司。當她離開公司轉職為商業顧問時，艾瑞卡最想要擺脫的是過去脫衣舞孃的身分，因為她怕沒有人把她當作一回事。這段過去只有她先生和少數好友知情。但艾瑞卡明白，自己始終還是得說出這段往事，不然未來的某天，其他人終究也會說出來。

艾瑞卡在與一間擅長品牌操作的顧問公司合作 6 個月後，她終於向這家新公司坦白了自己的過去。按照她的品牌導師建言，艾瑞卡的脫衣舞孃經驗大可作為一個自我品牌的亮點、一個大膽創新的時刻。況且艾瑞卡聰明靈活又富有高

度創造力,極具商業頭腦。

　　於是艾瑞卡開始向新朋友訴說自己的過往故事。而有一點讓她感到十分驚訝的是,大多數人聽到故事的反應都十分正面。其中一位朋友是專門舉辦年輕人職場交流活動,他邀請艾瑞卡分享建立個人品牌的相關主題。艾瑞卡跟她的朋友說,她打算在座談會提到過去自己曾是脫衣舞孃的經歷。起初,艾瑞卡的座談內容跟其他講者都差不多,直到她提起了脫衣舞孃的經歷,這段內容瞬間吸引住所有觀眾的目光。她回憶說:

> 我那時非常緊張害怕,擔心有人聽完我過去的經歷後會說出難聽的話。另方面,我知道這件事(脫衣舞孃的經歷)會激勵到一些人。在我這一生中,只要看見有人做出大膽決定,我都會很興奮。分享會結束後,還好沒有人朝我丟爛番茄、沒有人噓我、沒有人把我綁上木樁點火燒死。反倒有不少人朝我走來,謝謝我分享過去的經歷,並回應我的故事非常鼓舞人心。

　　從那刻起,艾瑞卡已成功將脫衣舞孃經驗融入個人品牌之中。她跳脫自己的舒適圈去挑戰個人極限。她利用公開演講、透過社交媒體或部落格,去談論自身的故事。與其把這

段故事藏匿起來,她反而將它作為前進事業的中心指標。她自行發展出一套「每日鞭策」(Daily Whip)的訓練課程,目前已經指導過數千名世界各地的女性學員,並且出版了《脫衣舞孃思考術》(*Think Like a Stripper*)。

我們常常因為害怕自己是如何被人看待或評論,所以試著跳過一些人生故事。我以為去談論自己幾乎每份被炒魷魚的工作經驗,可能會因此斷送個人的職場生涯。但是,我的職場真正與人產生共鳴的時機點,是在我開始談論那些令我害怕的事情之後。誰會想到被炒魷魚的故事,可以成為下個職場的催化劑呢?這些關於自我的部分,除了透露自己的本性之外,也向世界展現自己的不完美,卻也同時反常地與人連結。因此,**大膽創新的時刻,就是真實地表達自我**。

幾年前的某個星期日早晨,我在加州河邊市散步。我的思緒正如一名咖啡師醞釀著想法。但此刻的我,心底想的不再圍繞著發表部落格文章、出書或製作資訊產品。反而在我腦海中想的是,孵化一場與眾不同的活動,概念主要是先從 "Unusual Suspects"(特殊份子)作為出發點,我想做一場不會有普通講者陣容的活動。不過,事後我才發現註冊 "Unusual Suspects" 做為網域名稱,需要花費一千美元。

　　那個早晨，我開始回顧之前訪談過的幾百次對話內容，其中有一則對話特別浮出眼前。那就是照片分享平台「全攝畫廊」（Ofoto）的共同創辦人，同時也是《網》（*The Mesh*）一書的作者麗莎・甘絲琪（Lisa Gansky）。她告訴我，目前所處的世界正在孕育兩種人：「創業家」和「發起者」（instigator）。接著她說道：「你是『發起者』。」就某些定義來說，「發起者」並非件好事。比方說，班上帶頭嬉鬧的人算是發起者；防止一群人達到成功結果的人，也算是發起者。

　　不過，發起者也可意味著**發起計畫的人**。而 "Unusual Suspects"（特殊份子）和 "Instigator Experience"（發起體驗）的概念並不相近。所以，我搜尋了 theinstigatorexperience.com 的網域名稱，發現只要花 10 美元左右便可買下這個網域名稱。從發想名稱，並以直覺採取行動，這個大膽創新時刻最終引領我，打造一場連我都感到驕傲無比的活動。在大膽創新時刻裡，我們必須對於任何的可能性保持開放心態。當我一開始想要的網域名稱無法被採用時，原本是可以直接報廢這個想法的。但是，只要我們保持**靈活創意**和**足智多謀**，大膽創新時刻終究會引導我們實現想法。我想辦一場就算沒有邀請任何普通講者（如：家喻戶曉或大多會議名單常邀請的演講

者），結果也會大放異彩的活動。最終，我辦到了。

同時，在 2013 年的夏天，我的其中一名團隊成員，打造了在社交媒體爆紅的精美簡報創作平台——「簡報分享」（SlideShare）。受到他事業發展的薰陶之下，我也鍛鍊出一套欣賞字型和版型設計的眼光。同時也漸漸注意到，許多漫畫家每天都在自己的臉書上分享作品。從他們身上，我見識到視覺與文字是如何互相交織出美麗的力量。

就在我目睹視覺藝術如何在作品裡發揮效用後，我也想要讓視覺藝術成為自己創作的元素之一。於是，我著手進行了「利用 30 天教會自己畫圖」的計畫。我買了一本《一枝鉛筆就能畫》（*You Can Draw in 30 Days*）工具書。每天我會花上幾個小時，讓自己試著畫些瓶子、香蕉、蘋果和各式各樣的家用物品。在這項計畫的初期，我會因為畫不出與書本示範圖相似的畫作而懊惱不已。不過，隨著每天持續地畫，我居然不知不覺地投入更多時間作畫，並且常常畫出超乎預期的效果，可以說找到專屬的完美放空時間。我會從網路上搜尋想要繪畫的圖片樣式，也會在 YouTube 輸入「如何畫飛機」的關鍵字來搜尋影片。以前只有一有空，我就會無意識地漫遊網路，浪費時間在社交媒體上。但此刻的我，卻只想坐下來，專心畫些東西。

在這項計畫的一開始，我的畫作就像是幼幼班的繪畫程度。在計畫結束後，我已經可以畫到如同小學一年級的程度了。歡迎大家到我的 Instagram（@unmistakableCEO）瀏覽所有作品。雖然我的畫作看起來很像小學一年級的程度，但我對於自己的進步可是感到心滿意足，並且很開心能夠保有孩童般的好奇心。我從一顆蘋果開始畫起，最後試著以繪製史帝夫‧賈伯斯（純屬巧合）的肖像作為本計畫的結束。就在此刻，我有考慮再展開另一項計畫：「利用數位繪圖板進行的 30 天畫圖」，甚至嘗試做些動畫之類的打算。

雖然我不致力於繪畫這項才藝，但是透過畫圖，我學會了以不同方式來觀看世界。一張白紙不再是只能填滿文字的地方，而是用來描繪我內心反省的畫布。身為作家和播客主持人，我開始在創意過程中放縱自己。我開始進一步大膽提問有關受訪者的低潮期、缺點和內心焦慮不安的地方。我盡情地書寫，不去在乎發表內容的後果，也不再憂心其他人的看法。

我可以在新環境下看見**創作潛質**。當我們的網站開發人員布萊德利‧高迪耶（Bradley Gauthier）開始著手設計時，他請我為網站呈現去收集圖庫照片，這也使得「獨特創意」的

首版網站缺少特色或風格。那時我告訴布萊德利：「當我看著網站時，一點感覺都沒有。如果我對它都沒感覺，別人也不會有感覺。」然而，再仔細看過一遍後，我才意識到「獨特創意」網站一點也不獨特或有創意。因此，我決定要把所有圖片客製化，包括邀請馬斯‧多里安客製插圖。從那時刻起，我們把目標由「建置網站」轉換成「打造品牌」形象。我把這些創意的火花和不同的思維方式，全數歸功給先前的「30 天內學畫畫」計劃。

今日兼具設計、字型、視覺效果的藝術風格，其實是滲透在大家的日常所為之中。事實上，沒有人會想讓毫無個人風格的事物出門見人。

我建議大家，為自己嘗試與工作無關的「30 天計畫」，並且把追求自己的進步，當作唯一的目標，相信你在執行計畫後得到的結果，一定會比一開始來得好很多。坊間有些簡單的 30 天計畫案例，能改變你觀看世界的方式，包括「每日一寫」之類的計畫。例如：你可以實踐寫給朋友、寫給年老的自己、寫給年輕的自己等一系列的信件，並在 30 天結束後，把所有信件郵寄給自己。或是執筆寫下一直以來渴望撰寫的小說第一章節，也許一天寫 1 頁之類的。或者每天採用

特定的俳句（haiku）、十九行二韻詩（Villanelle）、六六行詩
（Sestina）等等詩體形式吟詩作對。

我的一位朋友，他同時也是產量豐富的攝影師馬修‧門
諾（Matthew Monroe）。他建議大家，在自己居住的城市裡，
進行 30 天的街頭攝影計畫。他鼓勵大家，把任何吸引自己目
光的畫面捕捉下來。我們往往在熟悉自己居住環境後，就不
再注意圍繞我們生活周遭的事物。

當然，你也可以拾起烏克麗麗、直笛或甚至是吉他，透
過每天選部 YouTube 教學影片來學習樂器，再利用電腦記錄
下每天學習的樂曲。等到 30 天結束後，再來比較第一天到最
後一天的進步程度。

最後，你會很驚訝自己所看到的結果。有時只是簡單地
進行 30 天的繪畫行動，卻足以讓人用一種意想不到，以及獨
創自我的方式來翻轉人生。

獨特創意講堂

馬斯·多里安

　　馬斯·多里安是把「獨創自我」想法植入我腦海的人。他的作品總是讓人驚艷連連，每次只要看見他分享的創作，或是在網路上看見他的作品，甚至是那些他為客戶製作的創作，我都能毫不猶豫地一眼看出這幅作品是出於他的筆下，他根本連署名都不需要。我認為這一點對於任何專業創意人士來說，是一種意義非凡的成就。而這就是所謂的「獨創自我」。

　　馬斯的工作基地在德國柏林，身兼數位插畫家、顧問、說書人和作家等身分，他的名言是：「如果不想融入大眾之中，那請自在地挺身而出。」他設計過書籍封面、電影海報、商業標誌，以及協助「獨特創意」網站設計不少視覺形象，算是「獨特創意」品牌整合的一分子。

冰淇淋和輪迴

馬斯・多里安的內心呼喚，是在他迷戀冰淇淋的童年裡意外出現的。他回憶起這個關鍵時刻：

> 在我 7 歲的時候，我和父母一起去了北海。在一家超級市場裡，我看見一盒巨大的冰淇淋，我無法克制自己直奔到冰淇淋盒前。我就像是冰淇淋癮君子，對冰淇淋愛不釋手。不過，當時在冰淇淋盒旁邊的我，突然看見擺滿雜誌和漫畫書的架子。那時的我，對於漫畫書長什麼樣子毫無概念，不過眼前的漫畫書顏色豐富吸引著我。在我看見其中一本漫畫的封面，上面畫著四位拿著某種武器的男生，而我把這本奇怪的東西拿起來，翻了幾頁，從此那次之後，我愛上了漫畫了。這本漫畫原來就是第一集《魔鬼剋星》（Ghostbusters）。當時我媽問：「你選好冰淇淋了沒有？」而我回答她：「媽，我不要冰淇淋了。我要這本漫畫書。」她還以為我在開玩笑。

這個就是新的迷戀、新的熱愛、新的內心呼喚的開始。在那趟旅遊後，馬斯・多里安回到家，馬上著手畫畫直到現在。有時候，為了我們要察覺人生注定要做哪些事，我們必須要看得見擺在冰淇淋旁的那本漫畫書才行。

黑暗之路為創造力舖路

馬斯在環遊世界後，在沒有大學文憑下回到德國。當時的他年僅 25 歲，然而這段期間，算是他人生中最黑暗的日子。

> 因為我沒錢了，所以搬回家跟我媽住，這段日子算是我人生最窮困潦倒的時候。我每天睡到下午 4 點，過著生不如死的生活，感覺人生一片黑暗，心情也沒有好轉起來，最後我被送去急診室。然後有個朋友對我說：「你何不開始再畫點東西呢？高中時候的你可是很有創意的。為什麼要放棄這個創意天分呢？去弄個網站吧，全部以英語為主，把你的圖畫和心得分享出去。」

這就是馬斯重返繪畫途上，並開設個人網站 MarsDorian.com 的起始。

雖然經歷「心靈的暗夜時刻」很痛苦，但其實往往也是獨創自我藝術的成就來源。綜觀歷史，人們已經把「創造力」轉而成為困境的人生引導方式。如果你像馬斯一樣，正活在特別艱困的人生章節裡，也許利用一些創造力，來讓自己再次重返光明。

開始動手吧

由於馬斯討厭拿紙筆的作畫方式，以及鉛筆觸碰到皮膚時的感覺，因此他購買了一塊能直接在螢幕上畫畫的繪圖板。然而，他也發現自己在作畫時，會進入渾然忘我的境界：「我一拿到繪圖板後，就是 2 天不睡覺、一口氣完成作品。這件事改變了我的人生。我開始畫起那些分享在部落格、推特、Tumblr 上的圖片。我也創造了志同道合的部落客和創意企業家的小小交流管道。」

最終他的付出獲得回報，一位來自德州的陌生人請他繪製吉祥物。馬斯簡直不敢相信在地球的另一端，居然有人願意付錢請他數位繪圖。他人生中第一個案子，剛好發生在他線上插畫事業正起飛的時候。

如果你持續保持創作，並且保持與世界分享獨創自我之作的習慣，無論作品是透過個人網站、推特或 Tumblr 等平台分享，別人是很難忽略你的作品的。

獨創自我風格的演變

馬斯很努力地跳脫舒適圈，去尋找創新靈感，去閱讀平常不會接觸到的書籍，去觀賞原本以為無趣的展覽等等，以便持續且不斷

地演變和發展自己的創作風格，並且拓廣自身視野。

你必須努力地吸收來自不同和相對的資源靈感。讓這些
靈感沉澱到潛意識裡，以便腦海中存有一個被動式的巨
大資料庫，等到需要創作時，可以間接汲取長年累積下
來的資源。

透過電玩遊戲、形形色色的漫畫風格、美國和日本流行文化，
以及各式各樣藝術形式的畫作練習，他將這些影響因素融入到創作
裡，以致我們不得不注意到馬斯的作品。然而，與其製作「普通作
品」，他更是願意「創造事物，專注做到頂尖之上，甚至達到極
致」。他竭盡所能挑戰極限，就是為了打造獨創自我之作。

讓自己去親身體驗多元化的觀點看法，就猶如使用綜合香料做
出無人取代的獨門料理。讓自己閱讀平常較少接觸的書籍類型、聆
聽平常可能不感興趣的音樂，然後開始發展屬於自己的潛意識資料
庫。以上證明了，這些都是打造獨創自我之作的強效催化劑。

只要我們願意敞開心胸，接受各式各樣文化與藝術的薰陶，
「避免中庸、超越巔峰」，一旦達到自我極限，便能發展出一套我
們的獨創自我風格。只要我們越能夠這麼做，便越能夠把自己灌注
到正在創作的事物上。正如馬斯表示，「這並不是一種有意識性的
努力，而是一種必然性的付出。」

定義「獨創自我」

馬斯・多里安對獨創自我的定義：「打破腦海中的每道障礙，真正釋放自己內在無限的原創性。這就是我過去 5 年不斷在嘗試的事情。把一道道的牆拆掉，直到只有我的本質存在而已。所有一切皆在於，砍掉非必要的東西。」

挺過衝擊

用恆毅力讓局勢重新洗牌

在不斷地置身於不利情況裡，這項能力會增強
並讓你學會在其中游刃有餘，順道讓你帶著幾
道傷疤重回光明。

衝浪者本身熱衷追浪的程度，總是在遇上「衝擊區」便開始備受考驗，而心中對於大海的熱愛，也會在遇到「衝擊區」時退卻許多。任何衝過浪的人，必定體驗過身陷衝擊區的情況。海浪可以說是一波接一波的直接打在你的頭上，似乎永遠不會停止，既讓你感到無法浮出水面，也令你無法游回等浪區或岸上。那是一種讓你快要溺水的感覺。

衝浪記者山姆‧喬治（Sam George）曾說過：「有二種人敢去衝『筒狀巨浪』──曾經歷過和即將經歷可怕歪爆的人。」如果你想去駕馭史詩般的巨浪，首先你必須接受會歪爆的可能性。

「衝擊區」非常適合比喻成**人生的挫折期**，或者可以說在打造獨創自我之作的**必經低潮期**。在我訪問過幾百名出類拔萃的大師後，我從這些人身上發現一個共通點，那就是不管挫折如何，他們都會咬緊牙關挺過自己的衝擊區（挫折期）。當一個創辦人花光了資金或被自創的公司解聘時，此刻這個人正是陷入衝擊區的時候。當你的電影票房慘淡、或沒有人參加你的開幕展覽、抑或你所花費的時間和金錢一去不返等等，終究你會陷入衝擊區；在我們終止計畫或放棄夢想時，終究我們會先陷入衝擊區。

　　如果能讓自己免於不幸、創傷、心痛等等的負面人生經驗，那是一件再好不過的事情。但是無論做再多的設想、誦經祈求或反覆肯定自己，都無法讓人做好心理準備面對必然的衝擊經驗。很可惜，**面對衝擊區的唯一做法，就是讓自己置身其內**。你必須要讓自己去經歷海浪往頭上蓋，如此一來，在下次遭遇衝擊時，便能更有心理準備去面對它。

　　正如我的人生導師葛瑞・哈特告訴我：「**問題不會憑空消失，你能夠改變的，只有處理問題的能力。**」隨著在衝擊區忍耐的時間越久，便會越有能力衝到巨浪。並且在增強自己處理龐大問題能力的同時，也會越有本事承擔更具創新的挑戰。

　　如果你正在通往獨創自我、挑戰極限、駕馭巨浪的路途上，你會發現自己遲早都會陷入衝擊區，並且被迫找到突破點。這個邁向登峰造極的歷練，便如同那些駕馭史詩巨浪的衝浪手一樣，是在實現獨創自我過程的必經之路。

| 第十八章 |

我的衝擊時刻

2014 年底的時候，我幾乎把自己的公司搞得一塌糊塗，甚至曾認真地思考結束掉「獨特創意」的事業。這一年的初期，雖然事業看似大幅成長，實際上成長幅度卻是不如預期，而公司也花掉了不少預備金，面臨得增加收入的困境。此刻情況一點也不像是獨創自我的行動，反而更像是一艘正在下沉的船。

而我也讓身邊的人生導師和親朋好友感到失望。尤其葛瑞‧哈特正迫切等待腎移植機會，他曾為了協助我把事業晉升到下個階段，費盡不少時間和心血在我身上。但此刻的我，因為心中滿是慚愧，反而疏遠自己一手建立的朋友圈，我完全孤立起自己。當我們心理狀況不佳時，所有社交互動也不會產生意義。這個時候的我們，已經不是當初朋友認識或喜愛的人了。而我們想要達成朋友心中期待而付出的努力，更成為一種日以繼夜的搏鬥。

每晚睡覺時，我多麼希望自己一覺不醒，但三不五時還

是會在半夜裡，因為心悸而驚醒。

　　某天當我跟即將成為執行長兼事業夥伴的布萊恩・柯恩，兩人一起站在山頂看日落時，他告訴我：「現在，你是這間公司最大的負債。」在 1 年的時間內，我從最高處的成就頂峰，瞬間跌入最深的谷底，這個失落令我陷入絕望的漩渦裡。我身為一個「激勵別人活得更好」的品牌創辦人，卻在此刻讓自己的人生像場災難。

　　總歸一句，2014 年是我人生中最艱困的一年，也算是我陷入衝擊區的時候。這個時刻是真正在測試自己，到底有多渴望想要待在等浪區和衝浪。陷入衝擊區的我，信心削減，壓力和焦慮也在飆升。而我發現自己正處於惡性循環中，對於事業上的努力掙扎，也導致自己鬱鬱寡歡，這股憂心更造成事業的接連不順。

　　所有一切都每況愈下。我不僅失去信心，也搞砸其他人對我的信賴：贊助商不再續約合作，公司團隊也不再信任自家品牌。到了年底時，原本該成功舉辦的年度大型活動，卻因為購票人數不足而被迫取消。我像是被海浪吞噬一樣，感覺自己永遠被困在衝擊區動彈不得。

其實，**這些衝擊區時刻，是來「考驗」和「塑造」我們人生的**。不過，每當我們在度過衝擊難關時，那種感覺就像衝浪者不斷地被海浪蓋頭，似乎這股浪潮的襲擊永遠不會有終止的一刻。如果你身陷海裡，感覺不到海面是在哪個方向，至少知道目前的困境，是能促使你實現獨創自我的過程之一。因為海浪是一波波的，所以這番掙扎只是暫時性而已，你終究不會一直被海浪蓋頭的。

因此，問題在於：我到底該怎麼做，最終才能突破浪花？

改變對話

2015 年初，從公司的帳戶餘額來看，我們每個月都在損失數千美元。在這之前，我們才在想，公司裡的資金至少足夠運轉個 2 年，沒想到現在離破產，只剩下 9 個月的時間，而且公司團隊裡，沒有任何一名成員是在支薪狀態。如果按照目前燒錢的速度，我們可能付不起主機費用，甚至藝術家的委託創作費也付不出來，最終只能選擇關閉一途，宣布失敗。我感覺到，彷彿先前所學的一切毫無意義，也改變不了

什麼。極大的焦慮消耗我的心力，我的情緒無比頹廢到如下情況所述：

> 我在這個世界上所付出一切是弊多於利。我無法再找到一份新工作，而且也會因為如此，愛情跟著泡湯，友誼也跟著決裂。大家都浪費了時間和金錢。如果我無法成功，將浪費掉過去 7 年的人生。那些曾經質疑過我理智的批評者和親戚，則全部證明他們的話是對的。

我們可以輕易地扭曲事實，讓所有自認糟糕的事情看起來像真的。然而，讓自己走出黯淡隧道的關鍵，就是去找到一絲絲希望之光。

每個星期我會跟布萊恩・柯恩見面，討論著像是「還剩幾個月就沒錢了？」的話題。大概經過了 6 個星期，布萊恩突然告訴我：「我認為是時候改變對話內容了。我們應該要把還剩多少時間，換成討論怎麼做才能翻身？」

此刻，我再次領悟到衝浪就是答案。首要的第一步，就是要實實在在地回到等浪區。在這段充滿挑戰的艱困日子裡，我花在海裡的時間大幅縮減。播客節目來賓吉姆・邦區曾告訴我，**逆轉勝的直覺關鍵，就是讓生活日子裡充滿喜**

悅。在他的建議下，我決定再次把衝浪作為自己人生裡的優先考量。

我的第二步驟，是去衝規模較小的海浪來重拾自信心，主要是讓自己透過衝許多小浪來「穩定信心」和「恢復正常」狀態。我開始去想像我的生活中，有哪些事物是屬於小規模的海浪，好比那些因為播客節目而有所收穫的觀眾。我可以收集他們的推文和電子郵件的螢幕快照。當我決定讓自己刻意去尋找這些內容時，我每天都看得見它們的蹤影。

再下一步，我要提昇自己的生活環境與品質。我把心中十分仰慕且曾來過節目的來賓肖像照片，裱框掛在牆上。這個舉動帶有幾分用意。首先，這些肖像照片會提醒自己，與眾多獨具天賦的人物曾經有過精彩的對話。其次，這些肖像照片傳達了他們在各自的創意旅途中大功告成的視覺提醒，看著這些肖像照片會讓我有個目標去追尋。其中一幅肖像照片是作家莎莉·霍格斯海德（Sally Hogshead），上面標題寫著：「**如何讓世界看見你最棒的一面。**」而我的工作事實上就是，讓世界如何看見我全力以赴的一面。

我還寫了感恩日記，每天記錄下三件感激的事情。

　　然後，我開始嚴格貫徹每天的生活作息，像是起床時間、睡覺時間、飲食內容等等。在所有促使我憂鬱的清單中，睡眠不足排在第一項。不過這一點讓我有些左右為難：我因為睡眠不足而憂鬱，而我也因為憂鬱而睡不著覺。

　　因此，我去看了醫生，他開了助眠藥給我。但是為了精神健康而服用任何藥物，這在我成長的印度文化中，代表的是一種恥辱。正如同其他文化也有類似的成見——想要尋求協助卻被恥辱籠罩住，瘋子才需要治療的刻板印象。然而唯一被他們接受的解決方案是「麻木痛苦」，而非談論和面對處理痛苦。與恐懼焦慮共處，讓憂鬱鎖在心頭，這些比起尋求協助，反而更令人容易接受。**人們往往對於自身挑戰不聞不問，直到自己達到臨界點後才會打破沉默**。偶爾，這個現實會喚醒我們。某次，我的表哥跟我說個關於矽谷被裁員的工程師故事。這個裁員事件讓這位工程師陷入一種恥辱和絕望的漩渦裡。與其尋求幫助，這名工程師不僅拋妻棄子，還跑去自殺。這是恥辱的威力——寧可選擇死亡，也不要成為被貼上瘋子標籤的人。幸好，我對這份解藥的渴望，足以讓自己嘗試一下。然而在接受治療的 3 個月後，我終於首次一覺到天明。

　　然而，我也發現許多高效人士、大公司的執行長、成功的藝術家和許多《獨特創意》節目受訪來賓，他們全都經歷過掙扎或憂鬱的時期。幾乎每一位都曾轉求他人的協助。在艾拉・盧娜所撰寫《人生十字路口：應該和必須》（*The Crossroads of Should and Must*）著作中提到：「我們的文化缺乏對心理健康的鼓勵，這一點正是大家不快樂、不滿意和內心深處痛苦的主要來源之一。」

　　為了心理健康而去找心理治療師，艾拉將此事比喻成有如去健身房找教練指導。在我們人生最低潮時，支持系統是不可或缺的。「自傲」或「虛榮」可能會讓我們試著自行解決，但這麼做卻是很冒險的。雖然對於尋求幫助會讓人感到有些尷尬，但我還是跟心理治療師預約了門診時間。

　　旁人無條件的支持，是讓我度過衝擊區最關鍵的因素。當我們正在挑戰現況時，同時也需要有人在旁陪伴著我挑戰，並且一同分享自己對美好未來的想像。在我們難以信任自己的能力時，需要有個人在一旁相信我們做得到。我的事業夥伴布萊恩・柯恩就是扮演著讓我闖出衝擊區的關鍵角色。沒有他在一旁鼓勵，我可能早就溺斃了。他不僅僅激勵我，心地也很善良，並且在每次面臨我們的挑戰時，都無條

件地支持我。

　　遇上很糟糕的歪爆，或是長時間待在衝擊區，可能會使你感到慌亂。雖然嘗試進行大計畫的想法，仍會讓我感到緊張，但至少因為自己遭受過衝擊，以致於這個逆境經驗成了一項自身優勢。於是，我下次再陷入衝擊區時，我便不再感到時間漫長、心情沉重或事態嚴峻。最重要的是，我已經知道如何適應與掌控處於衝擊區，因此我有足夠信心自己不會溺水。

恆毅力

　　我有說過自己幾乎天生沒有什麼運動細胞嗎？唸國一時，我是全籃球隊裡，進步最多的球員（也可以說我是打得最差的那位）；到了大學，我和朋友一起學滑雪板，我總是唯一從山頭滾下山的人。不管如何，之後的我還是堅持去學了衝浪，結果我終於順利站立浪板，衝到浪了。

　　恆毅力，顧名思義就是在大多數人萌生退出想法時，讓我們願意繼續堅持耕耘已久的事情。這份恆毅力最終會讓你順利度過衝擊區，並帶你重返等浪區。在你不斷地置身於不

利情況裡,恆毅力會增強並讓你學會遊刃其中,順道讓你帶著幾道傷疤重回光明。透過海浪往頭上蓋的經歷,你可以增進自己容忍逆境的程度。你只要學會處理巨大焦慮,這個能力將會轉變成一種新常態。

不過,通常你在遭遇最大衝擊時,都會忍不住想要放棄。一旦我們將自己所做的事情,都孤注一擲的以外界成功標記來衡量,而在最後,我們沒有達到期望時,我們會為此在自己心中感到失望、擔憂與焦慮。但是,請牢記在心,一**件作品、一項計畫或一個失敗,並不能斷定你的身分**。沒有一家新創公司是你唯一的投資機會;沒有一部電影是唯一讓你成為下一位史匹柏的機會。其實我們總是有再度嘗試做些其他事情的機會,只要明白這個道理,便會讓我們有能力堅持下去,度過難關,直到設法重返等浪區去追逐另一道浪為止。但要學會這個方法,唯有你親身嘗試和體驗失敗才行。通常衝擊區是出現在自己和下個成就階段之間的。

受訪者在節目《獨特創意》裡所分享的衝擊經驗中,他們的故事都有個共同點:「救贖」。往往衝擊經驗皆被證明了,它成為人們生活重大改變的催化劑。

在節目《獨特創意》中,最有影響力的救贖案例,是位

服過兩個無期徒刑的來賓，這個人就是安迪・迪克遜（Andy Dixon）。這號人物其實可以成為電影導演馬丁・史柯西斯（Martin Scorsese）鏡頭下的角色之一。安迪・迪克遜是眾多相信「活在法律之外，才是唯一生存方式」的其中一人。犯罪行為和暴力，不僅僅是安迪成長過程的一部分，也深深地融入到他的人生結構裡。

當有些小孩因成績優等受到稱讚時，安迪則因他對他人的暴行而受到讚揚。當安迪在操場霸凌其他小孩後，返回自家開設的酒吧裡，他的家人可是把安迪高高扛在肩膀上大大表揚。安迪接受了「因暴力而獲得關愛」的觀念，這件事也加以創造了他兒時的強烈印記。等到安迪 10 歲的時候，他已順利加入幫派。到了安迪 12 歲，他第一次槍殺另名幫派成員。隨著安迪的年紀增長，他所犯下的罪行和暴力的行為更是變本加厲。

最後，他被法律判了兩個無期徒刑。當安迪在監獄服刑時，在經過近 9 年連續對囚犯施暴後，一位牧師讓安迪閱讀一些馬丁・路德・金恩（Martin Luther King, Jr.）、一行禪師（Thich Nhat Hanh），等等其他曾在人生中做過巨大改變的歷史人物傳記。這些書籍深深影響了安迪，最後讓他決定結束

自己的暴力行為。

當愛滋病疫情開始延燒到監獄時，安迪成為其他囚犯的健康倡導者。他也成為紀律不佳囚犯的輔導員。不過，由於監獄管教人員在假釋聽證會上對法官說，安迪不應該獲得假釋，使得安迪的判決只能改成沒有假釋的無期徒刑。但他不服這項判決，在律師與服刑期間認識的太太協助下，順利讓刑罰減輕。過了 27 年後，安迪‧迪克遜終於出獄了。

出獄後的安迪，致力於幫助更生人尋找工作機會，以免他們再度回牢籠裡受刑。在監獄裡，安迪有時會看到一些年紀輕輕的孩子，來探望他們的父母。過了多年之後，他會看到當年的這些小孩也步入監獄受刑，並且還跟自己的叔叔、表兄弟關在同一區。他開始意識到，「服刑時間」居然成為一種傳承之物。在美國某些州，監禁率是基於現行入獄孩童人數統計所預測的。因此，安迪成立一個非營利組織，致力於讓小孩與父母同住監獄，以便孩子們不再步入上一代的後塵。

安迪的故事說明了，即便命中注定遭遇衝擊，只要我們能先暫停下來思考，並問問自己，「這一切所賦予的意義是什麼？」便能讓自己變得強大又積極。在讓自己相信，**衝擊區帶來的是一種救贖，便能讓人發展出恆毅力**。

重新洗牌

有時候成功與失敗之間的差異，就差在是否願意再努力、堅持一下。在賽斯・高汀撰寫的《低谷》（*The Dip*）著作中提到：「只有極少數人，能夠做到比大多數人再堅持多一點時間，並從中獲得好處。」**當我們堅持時，我們也同時默默在進步。**我們無法馬上看到努力的結果，只有走到盡頭時，才會看見結果的出現，然而一旦我們總結這些小步伐，便是朝向實現目標了。當我的事業夥伴布萊恩創立自己的滑板品牌公司，他每天付出一些看似沒有商業效率的小行動。但經過了 2 年，這些小行動總結成一個 20 家商店販賣他滑板產品的結果。

我注意到，衝擊區常常重新清洗了擁擠的等浪人潮。在衝擊區，衝浪者們被浪打翻蓋頭的情況，通常被視為「重新洗牌」。那些沒有體力能耐，或沒有欲望想去對抗衝擊區和重返等浪區的人，很快就會放棄繼續待在海裡。到最後，剩下一個不擁擠的等浪區，讓留下來等浪的你，征服更多屬於自己的海浪。

在我成為播客主持人、作家和內容創意者的那些年裡，我看見很多人成為重新洗牌之下的受害者。當他們不能立即

看見工作成果時，他們便轉身離開了大海。當我看見某位播客主持人在臉書發表，自己製作了 4 集新節目，卻沒有觀眾收聽，於是認定製作播客節目是在浪費時間，那一刻我看見的是另個重新洗牌下的受害者。正如作家塔德・亨利表示，我們必須要「**有意志力地堅持執行無法立即獲得回報的難事。**」

當某人成功時，我們欣賞他們的毅力；但某人在辛苦奮鬥時，我們卻不鼓勵他們堅持下去。在我們年紀越大時，這件事越顯真實。演員伊森・霍克（Ethan Hawke）曾說過：「當你年輕時，每個人會告訴你去追逐夢想。當你變老時，如果還試著追夢，那些之前告訴你追夢的人則會覺得自己被冒犯了。」當我們堅持時，我們必須相信自己，並且要能夠看見什麼是「不存在的事實」。如果我們努力的結果是有保障的，其實也意味著正在努力的事情是有成功先例可循，因此這個努力一點也不具獨創自我精神。

因為追求顯著的壯舉，意味著人生要迎接更重大的挑戰。所以，如果沒有遭遇過衝擊，以及展現出必要的堅持，我們的人生將不會完成一場實現獨創自我之旅。那些堅持度過衝擊區的人，都是有能耐實現獨創自我的人。事實上，

「堅持」所凸顯的是造就獨創自我的特質。那些我們嘗試過第一次、第二次和第三次的事情，可能會最終導致我們陷入衝擊區。但是，「堅持」可以讓我們帶著之前未曾有過的經驗和智慧重返等浪區。一旦我們知道什麼方式有用，就可以過濾不同的決定，分辨值得追求的海浪，判斷下個等浪的時機。

身價百萬的著名投資人克里斯‧薩卡（Chris Sacca）表示，「當你的投資淨額為零時，是你人生中最富有的時刻，」他用這段話來形容自己陷入衝擊區的情況。目前他的「小寫資本」（Lowercase Capital）投資包括了推特、Instagram和 Uber。但早在 1998 年時，薩卡利用學生貸款成立避險基金，在 18 個月內大賺一千二百萬美元。不過，他也在 2000 年的春季，於 7 天內失去所有資金，並負債四百萬美元。接下來的 5 年，薩卡付出的堅持和意志力，終於讓淨值成為零，並且從此堅持不懈至今。這份恆毅力讓克里斯‧薩卡的付出獲得更多的回報，成為一位百萬富翁。薩卡的故事令人啟發的地方是，企圖駕馭越大的浪，在陷入衝擊區的時候，頭頂浪花的衝擊力越是沉重。

有時陷入衝擊區的時刻，並非總是在金錢或事業上受

挫。很多時候是發生在個人內心的深處。

身為《哈芬登郵報》（The Huffington Post）等等線上出版媒體的定期撰稿人珍妮佛‧博伊金（Jennifer Boykin），她也是中年婦女改造運動的全球交流組織「停經後的人生」（Life After Tampons）創辦人。她所遭遇的衝擊來自她人生中的一場悲劇——失去了生平第一個小孩。雖然這件事對大多數人來說，可能無法理解，不過如同她在節目《獨特創意》裡回憶的：

> 當你處於失落或失敗，或置身於遭受干擾的生活環境裡，你能做的就只有環顧周遭，但無須讓自己走得太遠。如此一來，你會看到其他人也有著類似自己的困境，也許這樣你就不會想要跟他們交換人生了。「悲傷」可作為前往自由的通道，而我們可以選擇讓這一段路是走得更苦澀或更美好。

在珍妮佛的女兒去世一兩年後，她在所屬的教堂開設「失落治療工作坊」。6個月內，她發現自己是一名演說家，但在網路盛行前的那個年代，要建立一個大眾交流平台並非容易的事。當時她的兒子還住在家裡，所以她只好暫時擱置演說這個夢想。爾後，珍妮佛順利取得寫作碩士學位，學校

中曾榮獲普立茲獎的教授告訴她，珍妮佛是教過的學生裡最棒的一位。但她因為得知自己「可能面臨巨大的挑戰而打退堂鼓」，於是珍妮佛沒有持續寫作。

在珍妮佛度過 55 歲生日時，她下定決心告訴自己，要做就趁現在。於是，她創立了「停經後的人生」，讓自己的失落人生轉換成為世界各地女性服務的行動。珍妮佛的故事教導我們，即便最大災禍降臨，也能讓我們打開一條通往個人重要成長的道路，並且讓我們創造一個機會，駕馭一道經由失落、悲傷和救贖形成的海浪。雖然我們難免會回頭看看自己，想說自己的人生若是能重來一回不知會有何不同，但我們也必須要考慮到，如果事情完全按照我們所想的進行，那麼我們的緣分和處世經驗，也不會成為今日生活的一部分。

有時在面對死亡和陷入衝擊區，足以讓我們煎熬不已，卻也是使我們歷經覺醒的必然過程。我們通常在遭遇衝擊的第一個直覺和自然反應，是不會去接納自己所遭受的衝擊情況，也不可能去擁抱自己的挫折與失敗。我們反而會因為衝擊，感到自己的恐慌和想像最壞的情況。我們往往會在情況好轉之前，選擇讓自己過得辛苦一點。只要想到得了絕症，你就會想安排好身邊一切的事物，開始為自己的人生做出最

壞的打算。但真正的考驗是，從我們身處在最可怕的衝擊區裡開始，其實我們可以準備結束生命，或者**開始真正的為自己而活**。

是否我們能將「衝擊」視為必要的挫折與失落，作為造就我們人生重大改變的催化劑呢？但我不是說從此以後，大家不用為失落感到悲傷哭泣，抑或不用承認自身痛楚，畢竟很多時候，我們的失落是悲慘不忍的。不過，你也要知道，**最偉大的天賦往往在歷經最巨大的痛楚後才會浮現**。當我們無路可退時，此刻的威力無窮。當你可以從悲傷走出來，你會發現自己可以從忍受的痛苦中，做出巨大的改變。

在我所訪問來賓中，其中一位是我見識過比其他人歷經更多次的衝擊。這個人就是我的人生導師葛瑞・哈特。他在年輕時被父親遺棄，成長環境非常貧困，家裡幾乎沒有任何家具，還要跟兩位手足共用房間。他跟安迪・迪克遜一樣，轉而成為一個犯罪。他曾經是幫派成員，也曾販毒，並且曾親眼看著朋友被一輛急駛而過的車內槍手開槍打死。

當葛瑞 19 歲時，一對自營記帳事務所的夫妻雇用了他，於是他有了克服童年缺陷的機會。這對夫妻讓他處理一切業務，包括協助律師和房仲人員管理財務。他們從來不會要求

或指揮他，而是讓他參與一切。葛瑞的老闆會放一些書在葛瑞的桌子上，讓他有空可以閱讀。在這間事務所裡所學到一切，造就葛瑞有能力開創自己的語音與數據通訊公司。

不過，此刻離葛瑞脫離衝擊區的階段還有一段路程。在葛瑞 25 歲時，他的事業不僅順利成功，也從中工作裡賺取巨大財富，但他卻也被醫生診斷出末期腎臟疾病。除非進行腎臟移植，不然葛瑞只剩 6 個月的時間可活。幸好，他的母親符合器官捐贈的條件。就在葛瑞恢復健康的同時，事業也慢慢一落千丈，幾乎賠光了所有錢。迫使葛瑞得從頭再來一次。

2008 和 2009 年的經濟衰退，造成很多人的損失，而基於自己曾有過東山再起的經驗，葛瑞花了 3 年時間，致力於協助這些失意者重新再創事業春天。接著，他又發現自己再度陷入衝擊區。原因是 11 年前，葛瑞所接受的腎臟移植手術，其功能已經慢慢衰退，這次他被告知只剩 9 個月能活。雖然他尚未接受新的器材移植，但透過洗腎的方式，至少在我撰寫本書時候，他還活在世上。

儘管發生了這一切，葛瑞仍有個強而有力的信念：「**你暫時身處的現況，未必會成為你永久的身分狀態。**」

我們身陷衝擊區的時間都是短暫的。海浪逼近，從頭頂衝擊下來的浪花終究會停止。不過，**陷入衝擊區的時刻，卻可以塑造我們，或定義我們。**

當你經歷過衝擊區之後，你也會帶著疤痕一起浮出水面。但這些傷疤，不是用來代表你度過最具波折的難關。它們反倒是一道類似外層的保護殼。那些曾經打擊過你的事物，如今會被你彈回去。你的外殼是堅硬的，內心反而是柔軟不已的。

———— **獨特創意講堂** ————

珍妮・洪雪（Janelle Hanchett）

珍妮・洪雪與家人分開了幾年，在她再度與孩子重逢的那一刻起，就開始質疑媒體所塑造的親職經驗形象——她在想自己是否是那位唯一不符合形象的人。如同珍妮所說的：「『人性』是所有人的致命缺陷。沒有人是完美的。『在孩子面前呈現最棒的一面』這個想法，以及在這個傳統概念之下的成果，根本是胡扯。」而珍妮「寫給過時育兒觀念的反擊建議」的諸般成果，則充分展現在她的部落格「背離母愛」（Renegade Mothering）當中。洪雪擁有三萬五千名臉書粉絲、二萬名讀者訂閱部落格，並且與文學出版經紀人討論出書計畫。這些追隨者的擁護，的確出乎她的意料之外。

耶穌基督後期聖徒教會（LDS）和迷幻藥（LSD）

從小長到大，珍妮每週都會參加摩門教會，同時又跟媽媽開車去看「死之華」樂團（Grateful Dead）表演。她形容自己的童年是

「跟著『耶穌』和『迷幻藥』併肩長大。」她的原創素材與不加修飾的寫作能力，起源於過去在教會時，有人給她一本空白日記本來鼓勵她寫日記。回憶起她的早期寫作日子，珍妮說：「我學會不受恐懼影響，並在不在乎他人看法的情況下，把任何內心想法記錄下來。我不清楚自己是否天生欠缺檢視能力，但在我的核心價值裡，我不明白為何要改變自己去迎合別人。因此，我發表我的聲音。」

就像珍妮一樣，我們抱持著沒人想看的心態去寫作，沒有受到任何恐懼的影響之下，我們可以開始深入瞭解自己最坦誠真實的聲音是什麼樣貌。「日記」本身就是一場個人之旅，而你可以自行決定要跟世界分享什麼樣貌的內容。

喝酒到寫作

珍妮探索獨創自我的旅程，如同許多獨創自我的人所經歷的那般，並非事事都順利。18 歲時的她，天天酗酒，漸漸變成進出戒酒中心無數次的「無藥可救的酒鬼」。最終，她跌進了人生谷底。

事實是，我跟死了沒什麼差別，我已經蕩然無存。唯一能夠形容自己的，就是酒精扼殺了我的人生。2009 年 3 月 5 日，我清醒了。我沒有一絲懷疑，十分清楚知道自

己已無計可施。我不在乎母親、孩子或丈夫會不會回到

我的身邊。只要能夠保持清醒，我願意付出一切代價。

我接受了一些幫助，從此之後，我再也沒沾過一滴酒。

由於沒有任何退路，珍妮可以放心寫出真實的自己，以及身為一位失敗母親和個人受挫的真相：「如果有人跟我說我是個壞媽媽，不僅吸毒又親餵小孩，你他媽的以為我不知道嗎？不過，現在我在這裡，過得很好，雖然我沒有任何東西可以證明。跌倒失敗是最棒的一件事，這也是我動筆寫作的起點。」

關於「跌到谷底」這件事，如果你有能力重新振作，絕對可以逆轉成爆發力。當你沒有什麼東西好失去的時候，人生就如同一張空白畫布，讓你可以從中創建繪畫任何東西。

部落格的真實自己

珍妮與孩子重逢經驗和身為母職的反思，在無數個「媽媽之聲部落格」之中，讓她發展出獨創自我的聲音：

我玩得很開心，並且為了這些孩子，我的感激是言語無

法形容的。但是和他們相處的過程中，一半的時間我都

想殺死自己。這並不怎麼光榮，也不怎麼有趣，更沒有

什麼魅力可言。為什麼這些人總是以為自己懂個什麼
屁？我開始懷疑這些人腦袋都裝屎。

所以我大聲說，「管他的，我打算寫部落格，說出我真
實看到的經驗。我不會讓部落格一成不變，反而要更顯
得出色。我要用自己的方式寫出來。」我真的很想知道
是否有其他女性跟我一樣。這也就是我開始寫部落格的
動機。不管有沒有觀眾在看，我就是要寫下去，我根本
不在乎這一切，重點是我有自己的人生經驗。

這些毫無保留的真相，可說是大膽又令人信服的承諾觀點。正
如作家賈斯汀‧馬斯克（Justine Musk）所說過的：「如果你想要表
達大膽又令人折服的觀點，你絕對會惹怒一群人。」雖然這樣做會
導致結果兩極化，但絕對也會讓你造就獨創自我的人生。

當我們公開保守地展現作品，並避免表現出最原始、脆弱、真
實一面的自己，此刻的我們往往會表現得十分謹慎。我們從害怕別
人批判的恐懼中過濾出自己的聲音；我們在真相上覆蓋一層糖衣。
只有在我們抵抗這份引誘時，在我們勇敢說出別人心裡想卻不敢說
的話，這股聲音就會如同珍妮一樣，成為獨創自我之聲。

定義「獨創自我」

珍妮・洪雪對獨創自我的定義方式：「我認為每個人都有話要說，無論是透過工作、創作，抑或經由為人父母的方式來發聲。找出想要訴說的故事，把那些圍繞身邊的批判移除，大聲說出『不管了，』無論自己多麼渺小，勇敢承認自己的原貌。我有些很棒的朋友，她們是手藝超好的家庭主婦。不管你是厲害的針織高手或超級熱衷音樂，這份忠於自我的真實性，是如此強而有力。而你正在見證的，是一件燦爛又美妙的好事，同時也在目睹『做自己』的心意。這就是造就一個人獨創自我的原因。」

狂喜心境

擺脫齒輪的命運，迎向獨創自我

「獨創自我」並不是創造「標籤」，因為標籤會侷限你的能力；「獨創自我」是關於撕下層層標籤，直到呈現那個充滿無限潛能的真實自我為止。

在我上過最棒的衝浪課程中，我的追浪次數早已數不清。那些美好時光似乎是靜止不動的，但卻也同時令人感到時間飛逝。陽光下閃閃發光的泡沫、掠過海水的鵜鶘、大海之聲、海豚從身邊游過等等的記憶猶然清晰。過去與未來融合一體，我心中唯一的想法是，除了這兒我哪裡都不去。這裡是我活著的意義、這裡是我的內心指南針、這裡是我想衝浪的理由。說到這裡，我的心情可是激昂不已。

自從我在巴西第一次站上浪板，衝到人生的第一道浪以來，這份狂喜心境讓我至今持續划水、前往等浪、承擔下浪風險，以及挺過衝擊區的動力。對於所有經歷過絕妙衝浪經驗的衝浪手來說，這份狂喜絕對是筆墨難以形容的。從這些時刻裡令人恍然大悟的是，衝浪在乎的不是我們追到幾道浪，而是在衝浪過程為我們帶來的愉悅心情。就連最厲害的衝浪手都說：「世界上最棒的衝浪手，都是那些玩得最開心的人。」

最偉大的衝浪成就，是成為一名「靈魂衝浪人」（soul surfer）。作家湯瑪斯・米契爾（Thomas Mitchell）在文章〈衝浪7階段〉（The Seven Levels of Surfers）中如此解釋：

衝浪精神的巔峰屬於最絕頂的階段，相當於一種超脫、

開悟、覺醒之類的境界，這是一處不易抵達之境。「靈魂衝浪人」透過與海浪合而為一來傳達自己的心境。他暫借海浪精神，透過身體和浪板為媒介，將海浪精神的本質詮釋成一種藝術。對於其他衝浪手來說，無論他們認可靈魂衝浪手與否，他們很快會注意到靈魂衝浪手的存在，並且對這個境界也有同感。

衝浪者都是處於「連續體」（continuum）之上。有些人不斷地挑戰自己的潛在極限，也有一些人在衝到 6 呎（約 180 公分）高的大浪後，才會感到自己的人生死而無憾。在紀錄片《踏在浪肩上》（Step into Liquid）中，報導者兼衝浪傳奇人物的彼得・唐恩（Pete Townend）說道：

> 就拿音樂為例好了。不管是爵士音樂家、搖滾音樂家、古典音樂家，就算創作路徑各自不同，他們也都可以從聆聽對方的音樂中，理解與欣賞對方的創作。而衝浪也是同樣的道理。

我相信創作過程會成為創意者的氧氣供給器，沒有創作氧氣，創意者無法生存下去。就是這種創作生命力，讓所有創意者持續發揮下去——這就是為何音樂人要繼續唱歌、演員要不斷演戲、企業家要持續創業，而藝術家要一直創作的

理由。

在邁向實現獨創自我的旅途中，能夠走到如此境界是很不可思議的。屆時，我們便可不費吹灰之力地展現獨門絕技，在創作過程中也會得到很多滿足與喜悅，並且讓我們樂觀大膽地去創造一切事物。當別人看見的是**侷限**，我們看見的是**可能性**；當別人看見**死路一條**，我們看見一條**康莊大道**，並且帶領我們邁向新目的地和前往未衝過的新浪潮。

| 第十九章 |

獨創自我賦予的真正意義

2012 年的費城藝術大學畢業典禮上，作家尼爾‧蓋曼（Neil Gaiman）的演講辭不僅廣受許多人的歡迎，這份講稿最終也成為他的著作《做好藝術》（*Make Good Art*）。他在書中寫道：

> 我並不知道除了自己以外，對其他人來說這會不會是個問題。事實上對我而言，單純為了金錢而去執行的事情，只會帶來痛苦的經驗，永遠不值得一試，而且往往到最後，我也賺不到什麼錢。我所進行的創作都是讓自己感到狂喜的事情，並且為了想看見結果而在現實中貫徹到底。從事創作從來不會讓我失望，也不會讓我對創作所投入的一分一秒感到後悔。

當藝術家所追求創作的事物，已達了無法被量化或被衡量標準（例如：金錢補償、網站流量和別人關注度），此刻正是藝術家超越自己和創作能力的時候。當創作成為自身獎勵時，則是創作者成為一名「靈魂衝浪者」的時刻。

　　當我開始追求獨創自我的時候，我沒有想過自己會策劃座談大會、領導創意團隊，並且監督複雜的媒體製作計畫。一旦你體會到潛在價值的擴展性，便無法再透過其他方式觀看這個世界。即便你想回到之前的視角，也回不去了。對我而言，獨創自我並非只是淪為品牌的象徵，反而是我**觀看世界的一面濾鏡**。

　　創業家兼作家的德瑞克・席弗斯（Derek Sivers）告訴我，他認為創業不是賺錢的機會，而是**個人發展的契機**。於是，他把賣掉自己公司「CD 寶貝」（CD Baby）賺到的一筆小財富，全數捐贈給慈善機構。

　　獨創自我真正賦予的，不是你所獲得的東西，而是你最後成就的結果。你的獨創之作，永遠不會令自己失望。

獨創自我的「連續體」

　　現今我們所走向的經濟發展，是讓我們不需再遵循一套規則，便能達成預期的成果。然而，當我們正在執行的工作，是容易被替換、複製、量化，以及讓低薪給取代，最終連工作機會也被外包或淘汰。至於追求實現獨創自我一事，

則從來沒有過所謂的最佳良機。

與歷史上任何一個時間點不同的是，今日的我們擁有了工具和科技，還有說故事、創業和創造個人藝術作品的能力，以及打造獨創自我的可能性。「獲得資訊」和「接受教育」的機會依舊是民主且開放的。舉例來說，知名新創育成中心 Y Combinator 的創辦人，最近在史丹佛大學授課，並且透過 iTunes 平台讓全世界的人皆可共享學習。

如今人人皆能輕而易舉取得機會，利用獨特自我之道展現創新和做出貢獻。如果大家只是基於外界定義的成功、肯定和榮譽的標準，來確認自己對世界貢獻的價值，那結果肯定會低於自身所創造的。其實我們所創造的價值，可以利用許多不同的方式來衡量。例如：呈現在別人面前的笑臉、個人和職涯的成長經歷等等。

每當我們創造不曾存在過的事物，我們就是在改變世界。按定義來說，創造行為能使世界跳脫出「新創事物」前的樣貌。可能你改變世界的次數，比自身知道得還多，甚至還留下不少自己的標記。

有無數的播客聽眾告訴我，他們因為聆聽我的節目，而為自己的人生和工作感到更快樂，並且在日常裡更有執行

力。有些聽眾辭掉自己的工作，跟我們一樣自行創業。還有些聽眾開始著手執行夢想已久的寫書計劃、經營部落格、拍攝短片、成立慈善團體等等的心願。

對所有人而言，此刻要用**有意義**和**獨創自我**的方式過生活，簡直是輕而一舉。

把你的心留在舞臺上

我們每個人的人生舞臺不盡相同。我的舞臺是由一頁頁的紙張、播客節目、文字打造而成的。你的舞臺可能是一家公司、一部電影、一間廚房或其他形式。不管什麼形式，每個人都有機會把心留在舞臺上，並不求回報；讓世界因為你的獨創自我之作而牢牢記得你。

2003 年 10 月，作家戴派蒂（Patti Digh）的繼父被診斷罹患肺癌，並在 37 天後過世。這個喪親之痛促使派蒂成立「37天」網站（37days.com），用意是要眾人思考──「如果我的人生只剩 37 天可活，我會如何過日子？」失去繼父的這件事，讓派蒂有了深刻的體會：

我們表現得好像自己擁有這世界上所有的時間──這種

理解並非新奇。但是，有限的 37 天衝擊了我。因為時間太短暫，彷彿所有人生的遺憾，在時光結束之前，幾乎沒時間讓人表達。

在這件事發生之前，戴派蒂是個商業作家。現在的她想要：「瘋狂寫作，為了兩個女兒努力，竭盡所能留下自己的樣貌，好讓她們知道我是誰，讓她們看見真正的我，而非一名母親的角色，並且讓她們能夠藉由文字，保有我的想法和回憶、恐懼和夢想，以及我的人生過往和經歷。」

部落格是戴派蒂的舞臺，而她把心與文字遺留在那裡。

你有機會把心留在任何一個自己選擇的舞臺上。浪費了這個機會，將會錯過改變世界的良機。

把心留在舞臺，等於把你所有的一切，不留餘力地投入創作裡。你要保證不惜一切的代價來避免自己平庸，並且確保創作裡，充滿著自己的血汗淚水和 DNA。你要極力創造一些令人永難忘懷的作品。也許在創作過程中，會讓你心生厭煩，但結果往往是令你滿意的。

我們一生中，可能只有一次機會創作出獨特自我之作。不過，當我們把心留在舞臺時，我們會開始意識到每次創作

都是最後一次機會。每個人都會死亡，只是時間快慢而已。我們一定要問自己一個簡單問題，以便增加獨創自我之作的可能：

> 如果時間重來一次，而我不是身處在同樣的情況裡，到時候該怎麼辦？如果「成敗在此一舉」，我該如何表現自己？

這個問題不只可以套用於你的創業或創作，更適用於你生活裡每個層面的處境。**把心留在舞臺等於致力打造一個獨創自我的標準**。我不禁好奇，當麥可·傑克森（Michael Jackson）宣布告別演唱會「到此為止」（This is it）時，是否預感到自己的死亡呢？如果你曾看過他是如何準備巡迴演唱會的紀錄片會非常清楚：麥可致力把「心」留在舞臺上，而且他明白自身的演出，正是獻給世界的禮物。麥可·傑克森定義了他的獨創自我之路。

某次我聽到有人說，一本書是兩個人對話的開始。我希望這本書不是個終點，而是你和我的新起點。「獨創自我」並不是創造「標籤」，因為標籤會侷限你的能力。「獨創自我」是關於撕下層層標籤，直到呈現充滿無限潛能的真實自我為止。

獨特創意講堂

賽斯・高汀

要發掘能使你獨創自我的事,首先,你必須願意去質疑事情是怎麼完成的,並且嘗試改變作法。賽斯・高汀是藉由多重領域的跨界質疑(範圍包括從商業、出版、教育等),而打造出自己的一番事業。他不僅提出質疑,也持續試驗來改變和改進事物。賽斯願意繼續嘗試那些可能不會成功、有誤或遭人批判的事物,與其採用委曲求全的態度面對,他反而挺身而出,這就是賽斯・高汀獨創自我之處。曾出版過 18 本著作,包括《部落》(*Tribes*)、《紫牛》(*Purple Cow*)、《夠關鍵,公司就不能沒有你》(*Linchpin*)等書。賽斯・高汀寫著高人氣的部落格,且他的著作也成了全球暢銷書,被翻譯超過 25 種語言版本。同時,他還是知識分享社群網站 Squidoo 的創辦人,這網站是要讓用戶自行打造出稱為「透鏡」(lenses)的網頁,以此來放大個人的專長領域。

乞求共享的事物

在 2014 年的夏天，賽斯邀請大家到他的辦公室，參加一場免費的週期研討會。他發現自己談及「內在」與「外在」力量，都讓他比以往更能夠具體實現獨創自我的作品，這也促使他撰寫出《有機會，拚就對了》（*What to Do When It's Your Turn*）一書。透過結合圖片、短句和類似部落格文章的題材，吸引原先不太看書的人來閱讀，他也從中領會到自己發展出一套工具，使自己和粉絲能夠加以利用來改變周邊的人。

如果「大多數人閱讀的書本是別人贈送的」，那麼在你努力成為獨創自我的路途上，可能會想到一個問題：「我要如何寫出一本別人會想買來送人的書？」建立在這個問題之上的，是以下兩則未知：一是如何知道自己是對的，二是如何避免成為錯誤。歷史不斷地重複驗證，人們對於能「改變」文化的藝術，一直以來都是看走眼的。

在巴布・狄倫（Bob Dylan）的 55 張專輯中，有一半的專輯品質對巴布・狄倫來說是低於平均水準的。像他創作的熱門金曲〈躺下吧，女士〉（Lay Lady Lay），或那張改變大眾文化的專輯，這些作品經過了 10 年後，都不再與人產生共鳴。如果是這樣的話，巴布・狄倫會說「我不再出專輯了」這類的話嗎？大多暢銷商品，都是在出乎意料下爆紅的。幾乎每部打破票房紀錄的電影，在上映之

前都曾被電影公司拒絕過。幾乎每個評論家都會對那些改變大眾生活的書籍或想法，抱持著重複的錯誤觀點。

如果我們只是一直在避免犯錯，那麼永遠實現不了獨創自我之道。換個角度來說，如果我們勇於犯錯，並從各式錯誤中反覆學習，很有可能我們會創造出改變文化的藝術之舉，以及營造出改變人們生活的想法。

管理恐懼、阻力和批判

「這可能行不通」這句話一直是賽斯的基本理念和創作風格之一。當我們正在做的事情行不通時，代表著有可能會面臨失敗，但同時卻也代表著，這麼做會增加我們「創作」出眾作品的機會。

除了寫書，賽斯也曾發表超過七千篇的部落格文章。如此大量的生產力，促使他持續磨練自己的寫作能力。當我問他要如何立即克服失敗後停滯不前的心態。他這麼說：

> 學習走路的唯一方法是：止步、止步、跌倒、止步、跌倒、走一點點路、跌倒、走很多路、跌倒、再走。長久以來，每個達到創新改變的成功人士，都是從那個不想放棄的地方，開始學會走路的。

　　若想創作出眾的作品，你必須要欣然接受賽斯的理念：止步、跌倒、起步、不放棄、再起步。賽斯的創作過程所傳授的，是每天願意做些事情的強烈行動力。如果將任何邁向獨創自我的心路歷程製作成圖表，你絕對看不到一條通往正確方向的直線；反而一定會看到一連串起起伏伏的曲線。

　　與恐懼、失敗、阻力、障礙和挫折搏鬥，也是創作出眾作品不可或缺的一部分。無論你是否跟賽斯一樣已是個暢銷作家，或是跟其他人同樣是名剛入門的新手，「恐懼」必會常常出現在你左右。關於恐懼，賽斯也與我分享最具啟發性的觀點：「創意力的敵人是『恐懼』；這點看起來蠻明顯的。『恐懼』的敵人是創造力，這點似乎不夠清楚。」對付恐懼的解藥，就是埋頭苦幹，讓自己每天有所行動。

　　此外，我們也有權力讓自己保有脆弱的內心獨白空間。賽斯刻意不開放部落格訪客留言的理由之一，是因為「看到與我無關的無名訪客的負面留言，只會讓我想要躲起來什麼事都不想做。」

　　一旦我們把權力讓步給批評者，讓他們有機會公開批判我們，最終只會導致自己躲藏起來，並讓他們破壞自己的創作成果。縱使網路世界能讓別人連結到我們，其實也同樣賦予我們機會選擇想要連結的對象。通常批評者分成兩種：一是對你作品有信心、給予良心建議並讓你進步的支持者；二是那些單純任性記仇的人。與批評

者相遇的機緣，能讓我們決定，我們的作品是為誰而創作。我們可以去迎合批評的人，或者也可以下定決心不理會他們，只專心為那些欣賞自己作品的人而創作。

選擇當個「小齒輪」或「創意人」？

「在現今所處的經濟社會裡，如果你選擇當個富有創意的人，那就不能等待別人來選你，因為網路放大的是那些揮灑自我的人。」賽斯說道。

現今想要成為獨創自我所面臨的最大挑戰之一，就是放棄「被挑中」的文化。因為我們一生都被教育著去相信這項觀念，使得它早已深植到我們的內心世界：

● 我們是否被挑到資優班。

● 我們是否被選為高中舞會的舞王或舞后。

● 我們是否被相中到谷歌、臉書或（輸入自選的知名公司名稱）工作。

不過，放棄「被挑中」的文化，代表著我們在生活中要承受更重大的責任。換句話說，做出這項選擇的我們，要為自己的失敗與成功負責。

2015 年底，「獨特創意」團隊編制了一份「你應該知道的 100 位風趣無比人物」的名單。我們為了抵制那些我們永遠進不了的獨裁選拔而製作這份名單，像是《富比士》雜誌的「30 歲以下菁英榜單」，抑或《快速企業》（*Fast Company*）雜誌的「最有創意的企業人評選名單」等等。由於每年這些名單發布時都讓人心生羨慕，因此我們才決定自創名單。但是，編列這種名單的矛盾之處，在於名單製作的出發點是為了讚揚「不需要被挑中」的概念，但卻使得人們產生下次能挑選進榜的欲望。其中某位朋友告訴我，「誰製作這份名單不重要。我也可以生出一份名單，同樣也會有人想要進榜。」這種想被挑中的心態，就是如此根深蒂固存在我們的文化之中。然而，唯有放棄這項需求，我們才能創作出有趣和出眾的作品。

定義「獨創自我」

賽斯‧高汀對獨創自我的定義方式：「邁向獨創自我的途徑，就是願意犯錯，願意被批評。最重要一點是，要具有意義性。如果你願意執行有意義的事，你極可能是少數人之一。這也大概意味著，你正在做的事情就是『獨創自我』。」

──── 結論：獨創自我行動 ────

　　當一套系統讓人失望，我們大可發發牢騷、抗議、進行純屬徒勞的抗爭；又或者我們可以選擇廢除系統，忽視它的規則，並根據自己的喜好重新打造一套新系統。希望你會因為受到這本書的一些啟發而選擇後者，並且踏上一條造就獨創自我的專屬道路。

　　教育系統和其所沿襲的陳規，從許多方面來說是令我失望的。而內心想要重塑墨守成規的道路、想要在這種侷限道路之下找出另一種替代的選擇……這股強烈的改變欲望一直是驅動著我的創作動力。

　　本書一再提及的獨特創意人物，他們不僅是靈感的泉源，也是一種教育的資源。這些人物是卓越的導師和使者，他們激勵大家追求真我的獨創之道，並且促使人們遠遠超越當下想像得到的人性潛能極限，來創造一個忠於自我的豐富未來。

　　造就獨創自我的人生是一個良機，可以讓自己留一條猶如賽斯・高汀所說的「魔幻痕跡」，你可以從線上發表計畫著手，例如：建立部落格、播客節目、YouTube 頻道，或是利用革新概念打造一個應用程式或一家新創公司。你要相信自己是不拘一格，心中只存有超越現實與侷限的思維。

| 第二十章 |

獨創自我行動四部曲

　　作家德瑞克・席弗斯說過：「第一位追隨者把孤單的瘋子變成領袖。」這就是行動的開端。我們每個人都是從身為「孤獨的瘋子」才開始漸漸造就獨創自我的人生。不過，這個探索並非於打造自我、產品或服務，而是更適用於製造令人情不自禁被吸引參與，讓人想要成為行動開始的一部分。因為沒有導航地圖提供給大家參考，有的只是一枚指南針，所以我刻意將獨創自我簡化成四個方式，來教大家如何開始展開獨創自我行動：

1. **添購筆記本，寫下所有想法。**在筆記本中，你將會種下一些人生最具獨創自我的創作種子。早在寫滿七本筆記本之前，我已著手構思以「衝浪」作為比喻的寫作計劃。

2. **建立基本網站作為獨創自我總部。**網站是你分享想法、創作等等的必要散播平台。這是獨創自我行動的引爆點。然而，打造虛擬基地的行為，將會自行發展生命力，並指引你走向以前從未拜訪過的地方，帶領你去征服未來想像不

到的海浪。

3. 列出你想要認識或聯繫的人物清單。去搜尋那些啟發你的
人物的個人網站或線上介紹。多去瞭解是什麼理由促使他
們展開行動，以及對他們來說最重要的事情是什麼。很多
人提過，每個人平均會被身旁五位熟人所影響。幸好，在
網路上你可以自行選擇對象。每週聯繫其中一人，並寫下
你從搜尋結果中學習到的心得。

4. 分享你的創作行動。無論你是開設一個部落格、在 Instagram
發表畫作、成立公司或拍攝電影等等，請分享你的創作行
動。如果你有在使用社交媒體，請利用#unmistakable的主題
標籤，這樣我們可以一起分享各自的創作行動。

| 第二十一章 |

運用自己的 0.1%

當我在 2009 年開始摸索造就獨創自我之作時，我也正處於人生的交叉路口：一邊是從容創新又充滿冒險的人生，並把所有時間花在對自己有意義的事情上；另一邊是依循他人的期待，墨守成規活在一個平凡又了無新意的人生堡壘中。

這一本書的結尾，是另一嶄新篇章的開始——「個人的交叉路口」。如果你已經閱讀到這裡，顯然表示你有意追求獨創自我。也許目前的你正等待一道被點燃的火花，或是正處於批判、他人期待、恐懼和自我懷疑的聲浪中等待著被喚醒。不過，在唯有自己才做得到的前提下，一切都是經驗、觀點和為世界貢獻能力的獨特組合。

我最近讀到的一本科學雜誌，內容提到人類幾乎共享99.9%的相同 DNA。所以，你要如何運用過去從未出現和未來不會重複的 0.1%的自己呢？你要如何運用這個唯一的 0.1%個體去實現獨創自我呢？

忠於獨創自我，是致力追求活在充滿動機、意義和目標

的人生之中。

欣然接受自己命中注定要創造的理念人生。

不用對自己說道歉的人生，並充分展現自己和勇於向世界發聲。

確切知道未來方向的人生，並總以自我開放的空白畫布心態，在人生畫布上形塑獨創自我大作。

重新定義規則的人生，不僅前途的框界被擴展開來，還能將個人潛質推向極限。

讓內心指南針指引你抵達從未探索過的海岸，以及去追求過去從未衝過的海浪。去一個沒有退路的地方，讓卓越想法滲入身上的血骨、瀰漫每一口呼吸、遍布每一頁的文字和每一件作品中。以自己的獨創之道重寫人生故事，並在故事中充滿真我性情，還有自發性的大膽創新和果斷堅決的勇氣。**讓實現獨創自我深深根植在你個人**，而非你所做的事情上。那麼你所接觸過的每一件事情，也都必然忠於獨創自我。

創作本身就是一種回報，獨創自我之作才是世上的應得之物。所以，讓自己全力以赴去衝每一道海浪，去創作不同

凡響的作品，划回等浪區，深深吸一口氣，再來一遍。你注定會實現獨創自我的。

致謝

謝謝史黛芬妮（Stephanie Frerich）相信我提出「獨創自我」的想法，以及全力協助我將這個點子融入生活之中。

謝謝我的經紀人麗莎（Lisa DiMona），妳真的很棒，很高興有妳參與我的人生。

謝謝羅賓（Robin Dellabough），你不只是我的編輯和寫作指導老師，也是真正的人生導師和朋友，你從來不會只說漂亮的反饋意見，反而用最高標準來要求我進步。

謝謝布萊恩，你不只是事業夥伴兼超級好友，也算是我的好兄弟。沒有你鼓勵我返回等浪，我也不會順利度過衝擊區。

謝謝德瑞克（Derek Wyatt）持續教我思考「藝術」和「商業」之間的平衡點。

謝謝葛瑞・哈特，你對我的人生產生了深刻的影響。沒有你的指導和指引，我也不會有今天的成就。謝謝你不斷地

催促我創作，也許過程令人厭煩，但結果總是讓人開心不已。

謝謝西達‧薩瓦拉，多年前如果沒有你寄給我的那封電子郵件，播客節目《獨特創意》也不會面世。

謝謝麥可‧哈瑞頓（Mike Harrington），總是隨時隨地給予我信心，讓我對自己負責。

謝謝馬斯‧多里安，你定義了藝術創作不需署名。這幾年跟你合作，對我而言是一種恩賜。

謝謝 AJ 里昂，教我從藝術家的角度去思考自己所做的每件事情。

謝謝夏緬‧哈沃斯，總是在我處境最糟糕的時候，讓我振作有為。

謝謝馬修‧門諾，在我想要放棄時，嚴厲地督促我繼續前進。

謝謝過去幾年中，在節目中出現的幾百位來賓們，因為有你們的指引和大方分享心路歷程，才讓這一切成為可能。

最後，感謝我的爸媽和姊姊，承受多年來我對人生抉擇

游移不定所產生的壓力，也許三不五時我會讓你們納悶我到底都在想些什麼，但是無論如何，都要感謝你們讓我借用家裡的書房作為「獨創自我總部」（Unmistakable HQ）。

獨創自我資源

書籍

- 《正妹 CEO》，蘇菲亞・阿莫魯索著。
  （*GIRLBOSS* by Sophia Amoruso）

- 《廚藝解構聖經》，提摩西・費里斯著。
  （*The 4-Hour Chef* by Timothy Ferris）

- 《美麗境界》，西爾維雅・娜薩著。
  （*A Beautiful Mind* by Sylvia Nasar）

- 《膽大無畏》，彼得・迪亞曼迪斯和史蒂芬・科特勒合著。
  （*Bold* by Peter Diamandis and Steven Kotler）

- 《創意電力公司》，艾德・卡特穆和艾美・華萊士合著。
  （*Creativity Inc.* by Ed Catmull and Amy Wallace）

- 《人生十字路口：應該與必須》，艾拉・盧娜著。
  （*The Crossroads of Should and Must* by Elle Luna）

- 《創作者的日常生活》，梅森・柯瑞著。

  （*Daily Rituals* by Mason Currey）

- 《Deep Work 深度工作力》，卡爾・紐波特著。

  （*Deep Work* by Cal Newport）

- 《低谷》《有機會，拚就對了！》《行銷人是大騙子》，賽斯・高汀著。

  （*The Dip*, *What to Do When It's Your turn* and *The Icarus Deception* by Seth Godin）

- 《新創者大集合》，丹妮爾・萊波特著。

  （*The Fire Starter Sessions* by Danielle LaPorte）

- 《哈佛最受歡迎的快樂工作學》，尚恩・艾科爾著。

- （*The Happiness Advantage* by Shawn Achor）

- 《我是馬拉拉》，馬拉拉・尤薩夫扎伊和克莉絲汀娜・拉姆合著。

  （*I Am Malala* by Malala Yousafzai and Christina Lamb）

- 《影響力方程式》，克里斯・布洛根和朱利安・史密斯合著。

  （*The Impact Equation* by Chris Brogan and Julien Smith）

- 《躍年計畫》，維特・薩德著。

  （*The Leap Year Project* by Victor Saad）

- 《37 堂改變人生的生命書寫課》，戴派蒂著。

  （*Life Is a Verb* by Patti Digh）

- 《花小錢賭贏大生意》，彼得・席姆斯著。

  （*Little Bets* by Peter Sims）

- 《比語言更響亮》，塔德・亨利著。

  （*Louder Than Words* by Todd Henry）

- 《做好藝術》，尼爾・蓋曼著。

  （*Make Good Art* by Neil Gaiman）

- 《在牢房裡長大的人》，喬・羅亞著。

  （*The Man Who Outgrew His Prison Cell* by Joe Loya）

- 《喚醒你心中的大師》《權力世界的叢林法則》，羅伯・葛林著。

  （*Mastery* and *The 48 Laws of Power* by Robert Greene）

- 《網》，麗莎・甘絲琪著。

  （*The Mesh* by Lisa Gansky）

- 《把人生變動詞：用行為改寫你的生命故事》《害怕結束》，唐納德・米勒著。

  （*A Million Miles in a Thousand Years* and *Scary Close* by Donald Miller）

- 《不帶行李也 OK》，克拉拉・班森著。

  （*No Baggage* by Clara Bensen）

- 《障礙就是道路》，萊恩・霍利得著。

  （*The Obstacle Is the Way* by Ryan Holiday）

- 《勁爆女子監獄》，派波兒・克爾曼著。

  （*Orange Is the New Black* by Piper Kerman）

- 《異數》，麥爾坎・葛拉威爾著。

  （*Outliers* by Malcolm Gladwell）

- 《辭職高手》《不受限的工作人生》，喬恩・阿考夫著。

  （*Quitter and Do Over* by Jon Acuff）

- 《被拒絕的勇氣》，蔣甲著。

  （*Rejection Proof* by Jia Jiang）

- 《超人的崛起》，史蒂芬・科特勒著。

  （*The Rise of Superman* by Steven Kotler）

- 《深海探秘》，羅伯特・克森著。

  （*Shadow Divers* by Robert Kurson）

- 《靈魂鬆餅》，雷恩・威爾森、戴文・甘德里、葛瑞茲・盧
  希娜、雪南・莫卡拉畢合著

  （*SoulPancake* by Rainn Wilson , Devon Gundry, Golriz Lucina, and
  Shabnam Mogharabi）

- 《點子都是偷來的》，奧斯汀・克隆著。

  （*Steal Like an Artist* by Austin Kleon）

- 《我比別人更認真》，傑夫・柯文著。

  （*Talent Is Overrated* by Geoff Colvin）

- 《脫衣舞孃思考術》，艾瑞卡・萊芮瑪克著。

  （*Think Like a Stripper* by Erika Lyremark）

- 《不確定性》，強納森・費爾茲著。

  （*Uncertainty* by Jonathan Fields）

- 《創意就是這麼簡單》，艾瑞克・沃爾著。

  （*Unthink* by Erik Wahl）

- 《藝術之戰》，史蒂芬・普雷斯菲爾德著。

  （*The War of Art* by Steven Pressfield）

- 《這一天過得很充實》，蘿拉·范德康著。
  （*What the Most Successful People Do Before Breakfast* by Laura Vanderkam）

電影、紀錄片、網路影片

- 電影《美麗境界》。

- 克里斯·薩卡（Chris Sacca）在卡爾森管理學院的畢業生致詞（網路影片），www.youtube.com/watch?v=RskzYHPlh5U。

- 電影《卡特教頭》：「刻意演練」如何影響績效和天分的最佳案例。

- 德米崔·馬丁（Demetri Martin）的喜劇秀：人生教練的人物側寫，www.cc.com/video-clips/9nppso/show-with-jon-stewart-trendspotting---life-coaching。

- 紀錄片《壽司之神》：給想要真正瞭解如何成為技藝大師和背後代表意義的人參考。

- 網路影片《小孩總統》，布萊德·蒙塔格製作，www.kidpresident.com。

- 紀錄片《紐約鳥王》：霍華·史登的廣播職場故事。

- 網路影片《靈魂鬆餅》，www.youtube.com/user/soulpancake。

- 紀錄片《踏在浪尖上》（*Step Into Liquid*）：達納·布朗（Dana Brown）拍攝。介紹世界各地和各行各業的衝浪好手。這是給不衝浪的人，一部最好的介紹衝浪世界的記錄片。

- 網路影片《提姆費里斯實驗室》。

- 《獨特創意短褲》（*Unmistakable Creative Shorts*）：與《靈魂鬆餅》協同製作的系列動畫片。bit.ly/ucshorts。

部落格、播客、網站和工具

- 「37 天」（37days.com）網站，戴派蒂（Patti Digh），www.37days.com。

- 「黑人女孩學程式編碼」（Black Girls Code）網站，www.blackgirlscode.com。

- 「部落格達人」（Blog Mastermind），亞羅·史坦瑞克（Yaro Starak），www.blogmastermind.com。

- 〈OKCupid 有史以來最瘋狂的約會〉（The Craziest OkCupid Date Ever）文章，克拉拉‧班森（Clara Bensen），www. salon.com/2013/11/12/the_craziest__ever。

- 「流放生活風格」（Exile Lifestyle）網站，柯林‧萊特（Colin Wright），www.exilelifestyle.com。

- 「體驗學院」（The Experience Institute）計畫，維特‧薩德（Victor Saad），expinstitute.com。

- 「被拒絕的勇氣」網站，蔣甲，fearbuster.com。

- 「如何開始創業」（How to Start a Startup），startupclass.co。

- 「發起體驗」（The Instigator Experience）網站，www. instigatordev.com。

- 「停經後的人生」（Life After Tampons）女性組織，珍妮佛‧博伊金（Jennifer Boykin），www.lifeaftertampons.com。

- 〈獨特錯配的生活與時間〉（The Life and Times of a Remarkable Misfit）文章，aj-leon.com/pursuitofeverything/the-life-and-times-of-a-remarkable-misfits。

- 馬斯‧多里安（MarsDorian）個人網站，www.marsdorian. com。

- 播客節目《大人物侃談》（*MastermindTalks*），傑森‧蓋那（Jayson Gaignard），wwwmmtpodcast.com。

- 「中指計畫」（The Middle Finger Project）部落格，www. themiddlefingerproject.org。

- 一個月（One Month）：學習如何編寫網站程式、構建 App 與拓展業務範圍平台，www.onemonth.com。

- PageCloud：簡易型網站建構平台，pagecloud.com。

- 「背離母愛」（Renegade Mothering）部落格，www. renegademothering.com。

- 賽斯‧高汀個人網站，sethgodin.typepad.com。

- Sitecast：網站建構平台，「獨特創意」網站就是使用此平台搭建而成的，sitecast.com。

- 播客節目《山姆的鏡頭之外談》（*Off Camera with Sam Jones*），offcamera.com/issues/ethan-hawke/watch/#. VzNMaLeFNEY。

- 遊戲《終極生命遊戲》（*The Ultimate Game of Life*），吉姆・邦區，theultimategameoflife.com。

- 「獨特創意」網站：涵蓋本書所有創意人士訪談的種種內容，unmistakablecreative。

- 〈為什麼每個人要有部落格？〉，索妮亞・席蒙芮（Sonia Simone），www.copyblogger.why-read-your-blog。

- 播客節目《搞什麼鬼》（*WTF*），馬克・馬龍（Marc Maron），www.wtfpod.com。

衝浪相關資源

- K-Lodge 衝浪營（The K-Lodge El Salvador Surf Camp）：如果你想要密集上衝浪課程，跟著瓦爾特・托爾斯（Walter Torres）學準沒錯，他是 K-Lodge 衝浪營的老闆。本書一部分內容也是在此地完成的，elsalvadorsurfcamp.net。

- Outsite 衝浪共享工作室（Outsite）：結合住宿、工作和衝浪的新興共用工作室空間。如果你想要一邊工作兼衝浪，記得去聖地牙哥的駐點看看，outsite.co。

- 部落格「衝浪 7 階段」（The Seven Levels of Surfers），湯瑪斯・米契爾（Thomas Mitchell），www.kenrockwell.com/tech/7surf.htm。

- 哥斯大黎 Witch's Rock 衝浪營（Witch's Rock Surf Camp）：水暖浪好，加上美麗的濱海住宿，是世界上數一數二的衝浪營好去處，witchsrocksurfcamp.com。

別讓平庸埋沒了你
自媒體奇才告訴你：600位頂尖創意人如何找回獨特的自己
Unmistakable: Why Only Is Better Than Best

大寫出版be-Brilliant!
書系 HB0026
著者/斯里尼瓦思‧勞 Srinivas Rao
翻譯/曾雅瑜
封面設計/Javick
內頁排版/菩薩蠻電腦科技有限公司
內頁插畫/馬斯‧多里安 Mars Dorian
行銷企畫/郭其彬、王綬晨、邱紹溢、陳雅雯、張瓊瑜、余一霞、王涵、汪佳穎
大寫出版/鄭俊平、沈依靜、李明瑾
發行人/蘇拾平

出版者/大寫出版社 Briefing Press
台北市松山區復興北路333號11樓之4
電話：(02) 27182001
傳真：(02)27181258

發行/大雁文化事業股份有限公司
台北市松山區復興北路333號11樓之4
讀者服務信箱 andbooks@andbooks.com.tw

劃撥帳號：19983379
戶名：大雁文化事業股份有限公司

初版一刷/2017年10月
定價/280元 ISBN 978-986-95197-4-8
版權所有‧翻印必究
Printed in Taiwan‧All Rights Reserved
如遇缺頁、購買時即破損等瑕疵，請寄回本社更換
www.andbooks.com.tw

國家圖書館出版品預行編目 (CIP)資料

別讓平庸埋沒了你：自媒體奇才告訴你：600位
頂尖創意人如何找回獨特的自己/斯里尼瓦思‧勞
（Srinivas Rao）著；曾雅瑜譯. -- 初版. -- 臺北市：大寫
出版：大雁文化發行, 2017.10
272面；15X21公分 . -- (be Brilliant!幸福感閱讀；HB0026)
譯自：Unmistakable: Why Only Is Better Than Best
ISBN 978-986-95197-4-8 (平裝)
1.企業管理；2.創造力；3.創業

494.1   106013319